U0175854

以愉快的心情，

揭开每一天的序幕。

腸が一番知っています

肌肤的需要
肠道最知道

DIGEST & ABSORB

由内而生的健康美肌

肌肤的需要 肠道最知道

[日] 山崎舞子 著
林慧雯 译

科学技术文献出版社
SCIENTIFIC AND TECHNICAL DOCUMENTATION PRESS
·北京·

图书在版编目（CIP）数据

肌肤的需要，肠道最知道 /（日）山崎舞子著；林慧雯译 . —北京：科学技术文献出版社，2022.1

ISBN 978-7-5189-8695-8

Ⅰ . ①肌…　Ⅱ . ①山…　②林…　Ⅲ . ①皮肤—护理—基本知识　②肠—保健—基本知识　Ⅳ . ① TS974.11　② R574

中国版本图书馆 CIP 数据核字（2021）第 250857 号

著作权合同登记号　图字：01-2021-6371

肌肤的需要，肠道最知道

策划编辑：王黛君　责任编辑：王黛君　宋嘉婧　责任校对：文浩　责任出版：张志平

出 版 者　科学技术文献出版社
地　　址　北京市复兴路 15 号　邮编 100038
编 务 部　（010）58882938，58882087（传真）
发 行 部　（010）58882868，58882870（传真）
邮 购 部　（010）58882873
官方网址　www.stdp.com.cn
发 行 者　科学技术文献出版社发行　全国各地新华书店经销
印 刷 者　艺堂印刷（天津）有限公司
版　　次　2022 年 1 月第 1 版　2022 年 1 月第 1 次印刷
开　　本　880 × 1230　1/32
字　　数　64 千
印　　张　5
书　　号　ISBN 978-7-5189-8695-8
定　　价　49.90 元

接下来的日子里，

帮你实现无分内外的健康与美丽。

“怎么做才能让肌肤变美呢？”

我经常被患者问到这个问题。

每当这种时候，我都会举下面这个例子来比喻。

“请试着想象一下——

把你的肌肤当作是金鱼，

而你的肠道则是水族箱里的水。”

肌
肤
肠
道

当水族箱里的水充满脏污，

待在里面的金鱼就不可能健康、有活力。

同样的，当肠道跟水一样充满脏污，

也就是肠内环境恶化时，

肌肤也会容易出现痘痘、干燥、粗糙等问题。

若是水源一直处于混浊不堪的状态，

无论给金鱼再怎么营养丰富的饲料，

身体孱弱的金鱼也根本无法摄取。

同样的，

无论给肌肤再怎么涂抹昂贵的精华液与乳霜，

脆弱的肌肤也不可能获得美肌效果。

若是想要让金鱼恢复活力，

最重要的就是必须把水族箱里的水清理干净。

正如同这个比喻，

如果希望拥有漂亮又有弹性的肌肤，

第一件该做的事就是——

整治出清洁的水源，

也就是“打造干净又健康的肠道”！

看了前页的比喻，

你一定很好奇：

为什么“肠道健康”之于“打造美肌”

这么重要呢？

负责将必需的营养输送至肌肤，

并排出老废物质与累积毒素的重责大任，

就在于——血液。

而血液最终是达成这项任务，

还是功亏一篑，

成败完全取决于——

肠道。

肠道、血液与肌肤，

三者之间的关系非常密切。

只要肠道干净健康，

血液就能充分发挥作用，

就结果而言，就能使肌肤变美。

反之，若是肌肤出现状况，

情绪低落、精神不振、焦躁不安，

压力，

成不好的影响。

，肠道、肌肤与心灵，

有着深入且紧密的联结。

总而言之，
本书的目的就是——

若想让肌肤变美，

首先要从体内开始着手！

为了打造美丽肌肤，

最重要的就是整治好肠内环境。

不仅如此，

肠道健康也跟心灵有着密切的关联。

“只要整治好肠道健康，

就能确保肌肤与心灵的健康。”

这本书中即将传授给大家

相关的知识与实践方法。

我所认识的“整合医学”

如今，许多人都耳熟能详的“整合医学”，

其语源是希腊文中的“整体性（holos）”。

虽然现在又另外衍生出了广泛的、全体、整体关联、平衡等诸多含义，

但我认为“整合医学”还是比较接近

以“东洋思想”为基础的思考方式。

所谓的“整合医学”观点，

就是把人的身体看作是由身体（body）、心灵（mind）与灵魂（spirit）组合而成的。

唯有这三者达成完美的均衡，使整体更健康时，

不只是外在，连内在也能散发出自然之美。

目前“整合医学”这个理念也逐渐渗透进了西洋医学的医疗现场。

作为一位皮肤科医生，当我从事诊疗工作时，

我发现大多数患者的肌肤疾病，

都与心灵状态有着非常密切的关联。

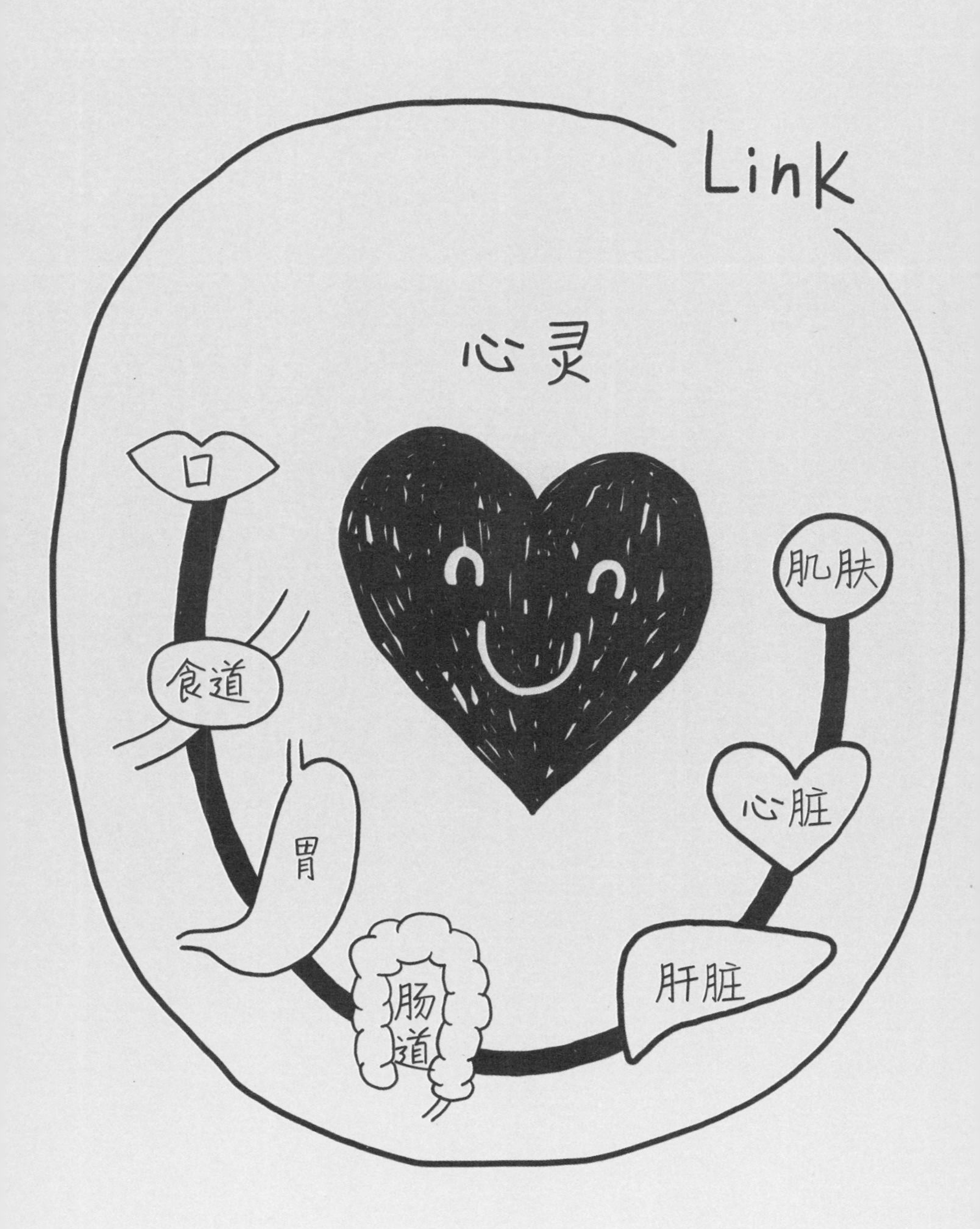
Link
心灵
口
食道
胃
肠道
肌肤
心脏
肝脏

虽然有些患者可以利用吃药的方式获得治愈，

但我也经历过各式各样光是靠药物无法完全根治的为难局面，

这些经验让我体会到，为患者进行包含心灵与思考方式的“整合性治疗”非常重要。

除了体会到自然治愈力的重要性之外，

在这个过程中我也重新学习了治疗时不可或缺的营养学。

“整合医学”的目标是让自己以健康的身心活得更美，

而我在努力学习“整合医学”的过程中，

也更了解柔软性与宽容性的重要。

我想，所谓的“整合医学”也许就是一种重新检视人类本质的全新医疗方式吧！

CONTENTS 目录

1. 绝对要掌握肠道与肌肤之间的密切关联

2. 肠道不顺可能引发的各种症状

3. 造就美肌的“整肠”心得

4. 一定要记住的美肠 & 美肌营养素

5. 影响巨大的“隐形力量”

THE PLACE
BEAUTIFUL SKIN
IS MADE

1.

绝对要掌握肠道与肌肤之间的密切关联

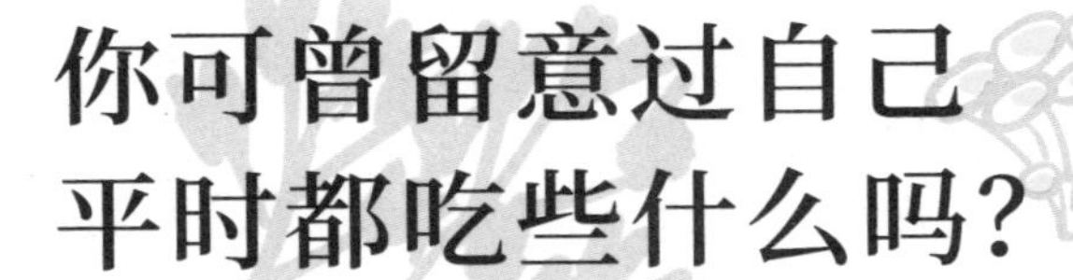

你可曾留意过自己平时都吃些什么吗?

“You are what you eat.”——人如其食，这句话是近几年来非常知名的一句口号。不过事到如今，我更想要强调的是“Do you worry about what you eat？”，也就是说，你可曾留意过自己平时都吃些什么吗?

最近几年来，我们的饮食环境发生了非常大的变化。不仅在超市就能轻易购买到无农药的蔬菜，也开始有越来越多人会先确认产地与原料后才购买食材。

因肌肤问题前来诊所求诊的患者中，有很多人表示：“我正在实践以糙米代替白米的饮食方式”“早餐只吃水果与优格”……大家都开始在乎自己吃进肚里的食物。

DO YOU WORRY ABOUT WHAT YOU EAT?

不过，当我请患者实际接受各式各样的检查后，却发现有很多人的检查结果都远低于基准值，甚至已经到了营养不良的程度了，令人倍感震惊。而且，越是在意自己吃了什么的人，当自己在吃没那么营养的食物时，便越容易产生罪恶感与压力。尽管花了很多心思注意饮食，也尽可能摄取营养价值高的食物，却完全没有意识到吃完之后的状况。

你吃下肚的食物真的被顺利地消化与吸收，并完整地成为你的营养来源吗?

食物真的都顺利地被消化与吸收了吗？

负责人体消化与吸收、至关重要的“肠道”，是全天候24小时都不曾休息、持续运作的器官。肠道在吸收人体必需营养素的同时，也保护身体抵御细菌和有害物质的侵害，并排泄出未消化的食物。我们平时或多或少都会吃些对身体不好，甚至是有害的食物，但身体却不会受到太大影响，原因就在于肠道所提供的保护。

我曾看过一项很有趣的数

YOU ARE WHAT YOU DIGEST & ABSORB

据，平时总与家人、恋人或朋友们开心享用餐点的人，即便吃下的是垃圾食物，也能顺利消化与吸收；反之，就算平时都食用优质食材，但身体却一直处于紧张状态，无法专注在饮食上，只是漠然地把食物吃下肚而已，肠道也是无法好好消化与吸收食物的。

压力带来的影响会使原本不应从肠道中渗漏出的有害物质与未消化的营养素，从肠壁中渗漏出来，压力增大，这些症状也会随之增加。因此，尽管“吃什么”很重要，若为了让身体顺畅地消化食物并吸收营养，把注意力放在“怎么吃”上才更重要。

所以，比起“You are what you eat.”，我们更应该重视“You are what you digest & absorb.”，因为我们都是由消化与吸收后的物质所构成。

希望大家了解，
蔬菜是很难顺利被消化的食物

平时常常有人表示：“我很容易便秘，所以平常会吃大量的蔬菜沙拉。”但大家知道吗？要是原本就容易便秘的人，当肠内菌丛平衡处于瓦解的状态下还吃蔬菜沙拉的话，反而会使便秘的情况更加严重。在我的患者中，甚至有人表示：“明明中午只吃了沙拉，但肚子还是很胀、很不舒服。”

实际上，在我们人类的身体里，并不具备可以消化蔬菜的酵素——纤维素酶。虽然平时肠道内的细菌会产生酵素帮助消化，但若是因为便秘而导致坏菌增加、酵素不足，便无法好好地消化与吸收，使得食物在肠道内逐渐腐败。我们人类在日常生活中摄取生蔬菜，其实是最近几年来才开始的习惯。在我们开始吃生蔬菜之前，其实大量摄取的

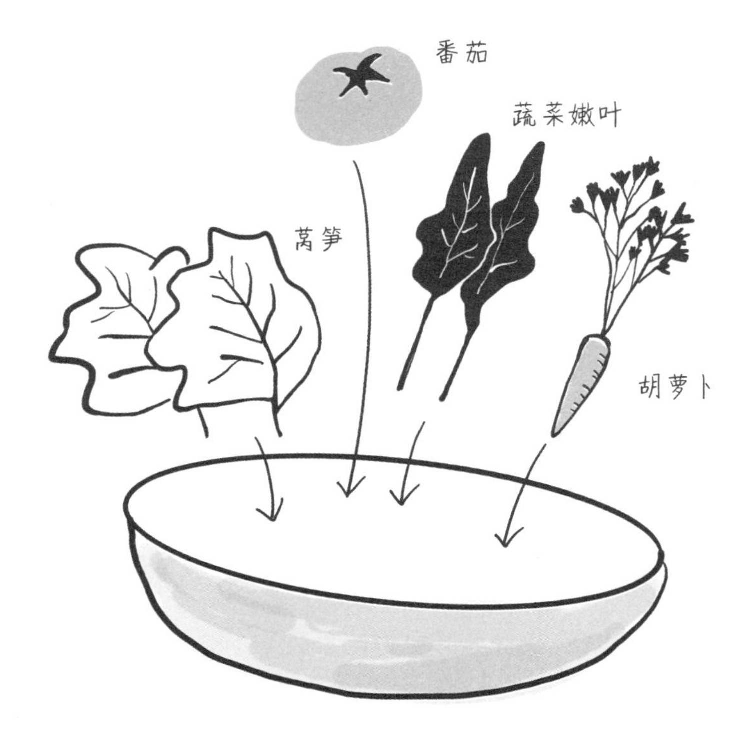

我们喜欢吃的蔬菜沙拉，其实无法顺利地被肠道消化?!

是煮过的蔬菜。为了不给肠胃造成过多负担，这样的饮食习惯可以说是先人们的智慧呢！

就像欧美人的身体中并不具备可以分解海藻的酵素一样，我们身体中带有的酵素与菌丛平衡状态，会随着人种，甚至是每个人而有所不同。尤其是体内菌丛的平衡状态，据说是世代相传而来的呢！

最重要的是，要让身体能够顺利地消化与吸收

每个人都不曾怀疑过，自己吃下肚的食物都可以被身体完全消化与吸收吗？有些人甚至深信“因为自己严格挑选优质的食材，所以绝对没问题”。可是，真的是这样吗？现在大家的饮食模式已经渐渐变得偏西式，我们平常摄取的餐点跟从前比起来，蛋白质的立体结构显得更加复杂。尤其是加工食品与微波食品，蛋白质的立体结构不仅复杂，甚至已经产生了极大的变化。要是经常摄取加工食品，或是只吃沙拉的话，对消化系统会造成非常大的负担。当消化能力下滑，身体便无法吸收必需的营养素，便会导致便秘、肌肤粗糙干燥，甚至还会引起过敏。

越来越多的现代人出现过敏情况与自体免疫性疾病，正与肠道内菌丛平衡状况有着密不可分的关联。

事实上，想要知道身体有没有真正地消化与吸收，食欲就是重要的判断标准之一。明明吃了很多，却感受不到饱腹感，就是因为食物没有好好地被消化，或是身体没有吸收到营养素，才会让大脑产生吃得不够的错觉。在印度传统医学——阿育吠陀的世界中，也有擅不擅长消化与吸收的关键在于体质的说法。举例来说，不擅长分解与消化蛋白质的人其实出乎意料地多。

此外，应该也有很多人曾隐约察觉到，自己并不适合摄取太多油脂与酒精等。人类的体质其实并不只由遗传决定，更多的影响来自孩童时期的饮食生活。

坏菌最喜欢的就是糖分。当你毫无理由地渴望甜食时，说不定就是受到了肠内坏菌（请参考 P60）的影响。

若是最近觉得自己食欲不振，身体突然出现过敏症状，或是皮肤突然长痘痘等，可能就是肠道消化与吸收不佳、肠道内菌丛平衡失调的缘故喔！

事实上也有此一说：

『每个人的饮食喜好，会受到自己肠内菌的影响』。

原来肠道这么厉害！①

肠壁可以说是“神之手”！

专门掌管消化与吸收的大肠，由4层肠壁组成。最内侧的黏膜能扩大表面积、具有皱褶的绒毛构造，厚度为0.2～0.4毫米，会直接接触输送至大肠的食物，负责鉴别出该类食物是否适合被消化与吸收。

不仅是消化食物，大肠中还有负责通过水分的入口，持续不断地监视肠内环境，抵御有害物质入侵，宛如人体保镖一般的肠壁，也被称为“神之手”。因为肠壁的工作就仿佛是神一般的领域，才会作此比喻。

肠壁细胞的新陈代谢为2～3天，借由新陈代谢使老废细胞渐渐剥落、蜕变新

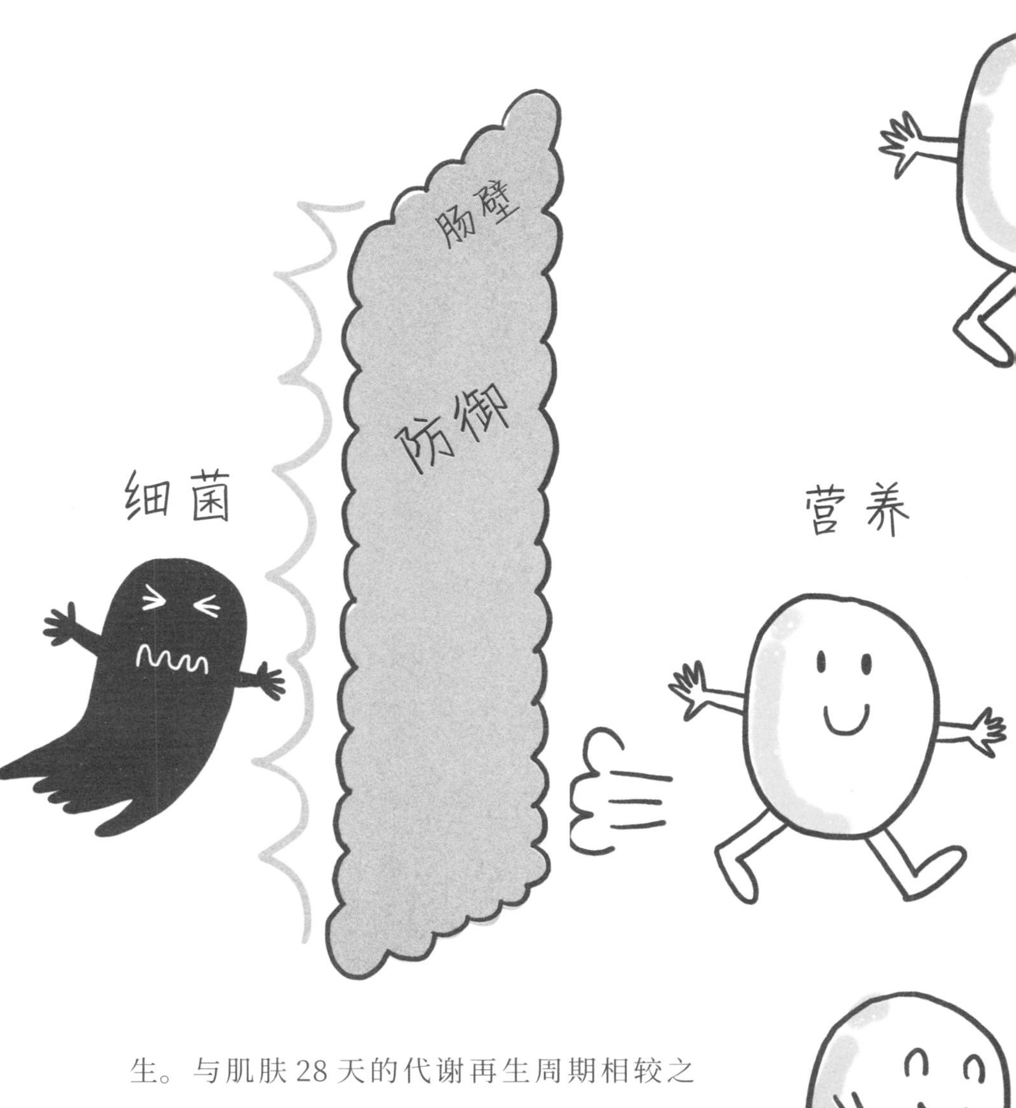

生。与肌肤28天的代谢再生周期相较之下，肠壁之所以能以如此惊人的速度获得再生，正是因为经常接触有害物质与刺激，细胞处于容易受损的环境。

原来肠道这么厉害！②

小肠是专门掌管
身体免疫功能的守门员

事实上，小肠的功能意外地鲜为人知。小肠负责消化从胃部运送过来的食物，并将必需的营养素送往肝脏，最后再将剩余的残渣输送至大肠，可以说承担着重责大任。除此之外，小肠还有一项更重要的任务，那就是掌管免疫力。

小肠的肠壁上有着被称作绒毛的突起物，聚集了人体内约七成的免疫细胞，其中一部分是负责训练免疫细胞辨别何种异物是敌人的特殊区域。在这里受过训练的免疫细胞，会随着血液被运送到全身，当病毒、病原菌、过敏原等敌人从外部入侵时，这些免疫细胞就会开始奋勇作战。最近有研究指出，面对流感与肺炎时的免疫力高低，与小肠功能有着非常密切的关系。

此外，调节肠内菌丛平衡不可或缺的乳酸菌，其最活跃的区域也几乎都在小肠。乳酸菌会在小肠中一点一滴地发挥作用，避免小肠的免疫力降低，两者的关联密不可分。

小肠不只负责消化，更掌控着人体七成的免疫力！

原来肠道这么厉害！③

肠道是诞生幸福荷尔蒙——血清素的源头

你听过这句话吗？——人生的幸福取决于肠道。

事实上，肠道与掌管幸福指数的自主神经有着密不可分的关联。因为肠道负责产出人体约八成的血清素，而血清素就是一种在恋爱时会分泌的荷尔蒙，能带给人们安稳感与幸福感。也就是说，肠道是制造让人感受到幸福的脑内物质的工厂。

若是血清素的分泌量降低，心情就容易变得低落，甚至抑郁，因此最好让身体稳定地分泌血清素。为此，除了要从饮食中摄取氨基酸，还要与肠内菌通力合作。建议大家在日常生活中留意摄取富含膳食纤维的食物，以及乳酸菌，整治出能带来幸福、健康的肠内环境。

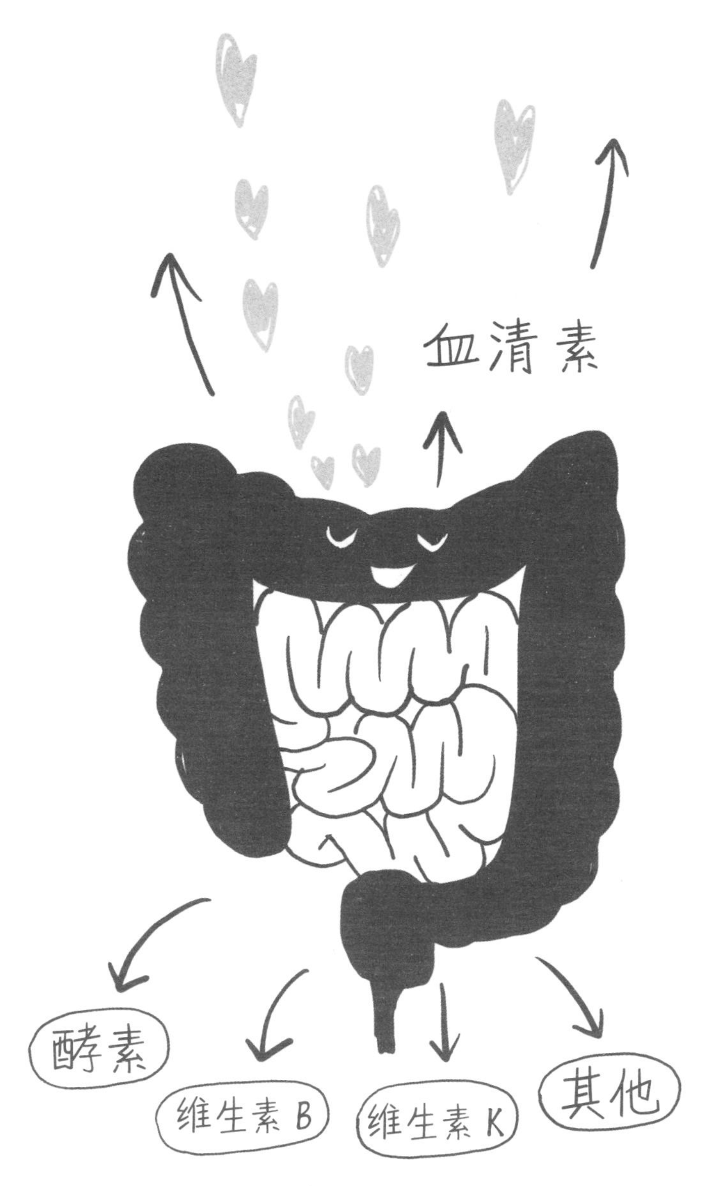

肠道不只可以制造出血清素，还包含酵素与维生素等多种物质！

原来肠道这么厉害！④

掌握解毒关键的肠道

虽然摄取营养这方面可以照着自己的意思决定，但排泄却无法按照自己的想法随意操控。正因为身体会自然而然地运作，排毒就显得更加重要，而负责排毒的器官正是肠道。

从嘴巴里吃下肚的食物与水分，是由肠道负责消化与吸收，并同时让身体不需要的物质形成粪便排出体外。在这些过程中，肠道必须辨别出哪些是不适合身体吸收的有害物质，并且促进酵素运作，以达到解毒的效果。在送达体内最大的解毒器官——肝脏之前，肠道必须负责先过滤出有害物质。

在消化与吸收的过程中，
肠道会辨别出有害物质，
并帮助肝脏发挥解毒作用。

举例来说，约有70%的病毒、甲醛与有害的重金属类物质，都是借由肠道的运作来排除以达到解毒的目的。

毋庸置疑，唯有整治出完善良好的肠内环境，才能彻底发挥解毒的功能。要是肠道内充满了坏菌，只会让体内的毒性增加。因此，必须大量摄取纤维质，设法增加肠道内的好菌才是关键所在。

顺便一提，像香菜、葱、韭菜、大蒜、春菊等都是可以吸附有害重金属物质的食材，若是担心重金属危害的人，不妨积极摄取上述食材喔！

原来肠道这么厉害！⑤

与肝脏联手让血液更清澈

肝脏是人体中最大的解毒器官，负责去除血液中的毒素与有害物质，或者将其转变为无毒物质。而肠道则负责决定输往肝脏的血液质量，帮助肝脏更加高效地运作。

在肠道内吸收的营养素会先运往肝脏，排除身体不需要的老废物质与毒素之后，营养素便会随着血液被输送至心脏，再抵达全身。例如分解酒精便是肝脏的工作之一。若是因为便秘或消化不良等因素，导致肠内环境恶化，运往肝脏的血液就会变得肮脏、混浊，反而会加重肝脏的负担。而食物中的营养素与有害物质是否可以随着血液运往全身，肠道必须负责加以辨别。

就连身体最大的解毒器官肝脏，运作时也会受到肠道功能的影响！

除了便秘与长痘痘之外，无法克制吃甜食的欲望、脾气暴躁或易怒等状态，乍看之下似乎跟肠道毫无关联，但你知道吗？其实这些状况都是肠道发出的警告，提醒自己身体即将发生危险。若是在日常生活中接收到这些身体状况不佳的讯号，切勿置之不理，一定要尽快踏出整治肠内环境的第一步。

肠道不只是消化器官，还与免疫、解毒、心理状态有着密切关联，在体内发挥着各式各样的作用。希望大家能了解，净化血液就是孕育美肌的关键。

DOCTOR'S NOTE

医者笔记

肠内菌是
母亲给我们的第一份礼物

每个人出生时从母亲那里获得的第一份礼物，就是肠道内的细菌。以母乳喂养的婴儿，从诞生之初就培养出了99.9%比菲德氏菌的肠内环境。即使是出生后1～2个月以配方奶喂养的婴儿，肠道环境也与母乳喂养的情况一样，但再大一点之后，以配方奶喂养的婴儿肠道内，比菲德氏菌以外的细菌比例会有所提升。除此之外，生产方式、1岁以内的饮食与生活环境也都会对肠内菌比例带来影响。由此可见，从我们诞生在这个世界之初，身体就已经开始整治肠内环境了。

THE PLACE
BEAUTIFUL SKIN
IS MADE

2.

肠道不顺可能引发的各种症状

造成肠内环境紊乱的主要因素

尽管一部分人的体质是与生俱来的，但造成肠道环境紊乱的主要原因，大多是睡眠不足、精神上的烦恼等各式各样的压力。一般认为，新陈代谢、身体防御机能下滑与运动不足都会使肠道功能变得迟钝，导致肠道菌丛无法维持良好的平衡。此外，年龄增长、偏食、暴饮暴食，以及过度摄取食品添加剂、基因改造食品、抗生素、口服避孕药、解热镇痛剂等，也都是造成肠内环境紊乱的主因，在后面会进行详细的说明。

回过头来看，我们现代人的生活状态对于维持良好的肠道环境非但没有帮助，反而令其充满了更多风险。为了尽可能地减少肠道的负担，希望大家从日常生活中找出自己可以做到的项目，亲自实践对肠道有益的生活状态。

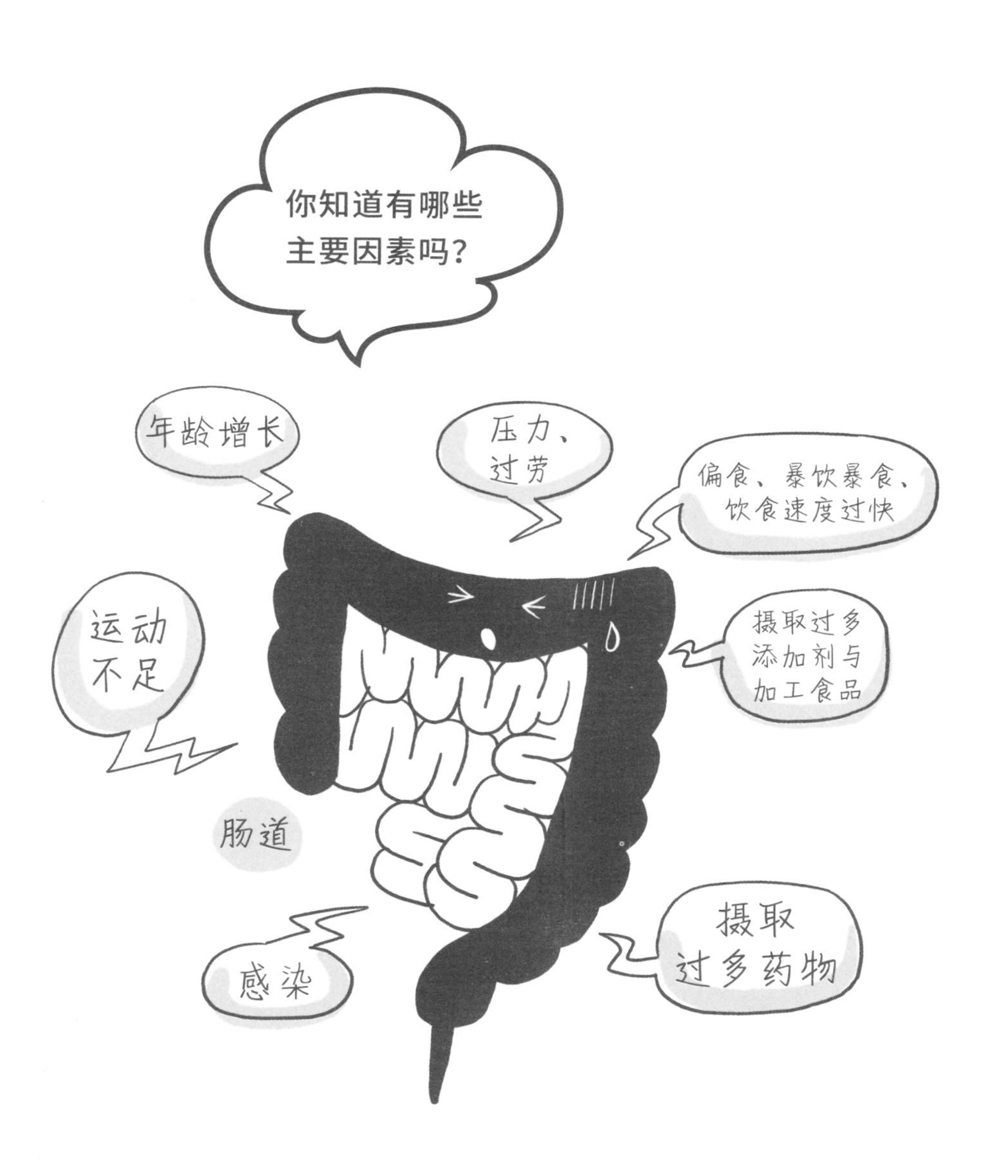

日常生活中一点一滴的小事，日积月累，也会导致肠道环境变得紊乱！

摄取过多药物

尽管不同药物所造成的情况都不同，不过只要是药物，就必须让身体花时间解毒，从而导致肠道菌丛紊乱，带给肠道非常重的负担。尤其应该避免过度摄取抗生素与肠胃药。

感染

病毒与细菌感染会瓦解肠内菌丛的平衡，使好菌减少，也是造成消化与吸收力停滞不前的原因。

运动不足

运动不足会使肠道蠕动迟缓、血液流动不顺，进而引发便秘、浮肿、血液循环不良等情况。

年龄增长

年龄增长会导致肠黏膜的修复问题，也就是细胞的代谢变慢，使得消化与吸收能力下降，让肠道内的菌丛失衡。

压力、过劳

压力会刺激肠黏膜，使肠道菌丛紊乱，让肠道蠕动停滞或加速，破坏荷尔蒙的平衡状态。压力与过劳也是造成便秘与内脏功能下滑的主要原因。

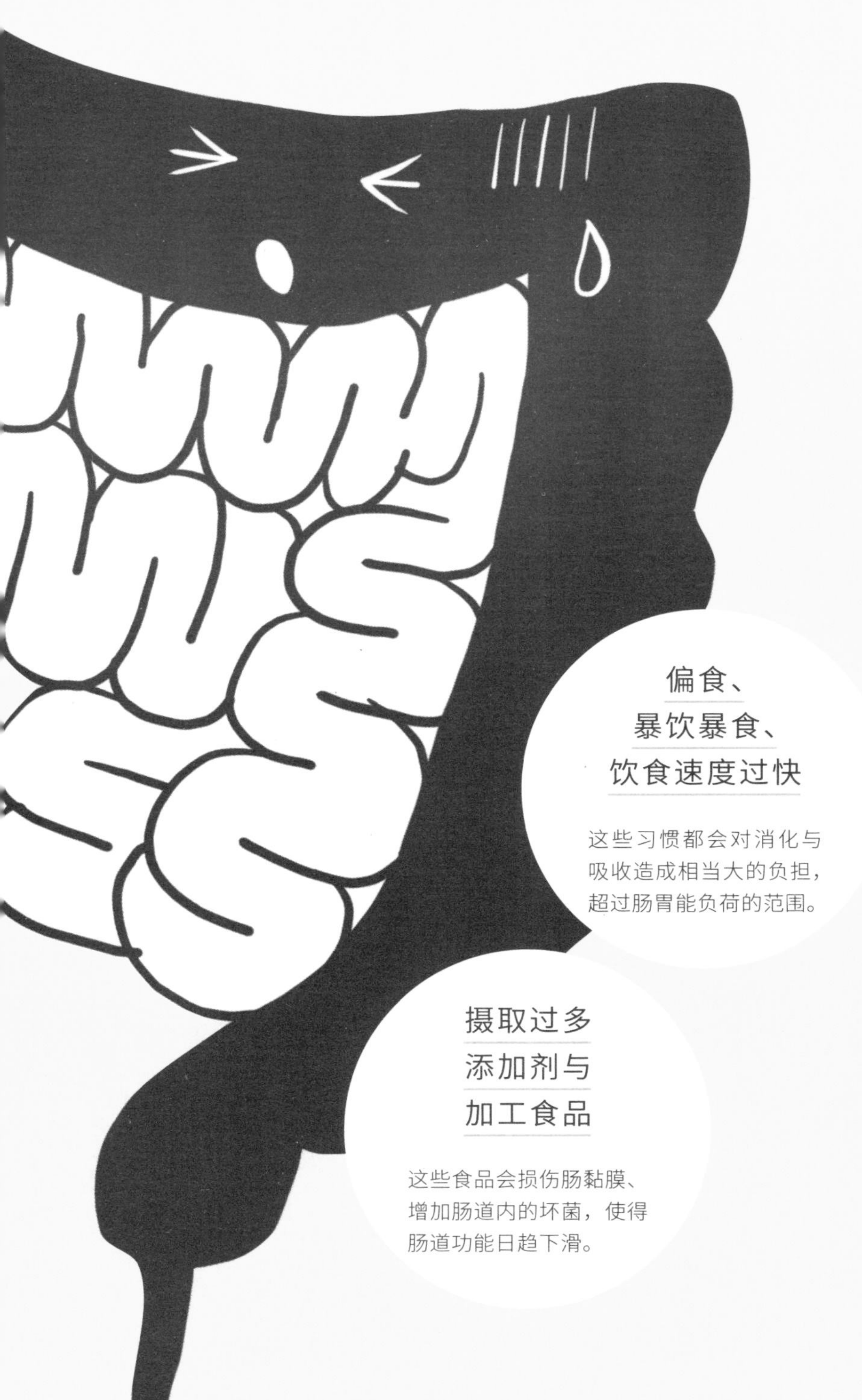

偏食、暴饮暴食、饮食速度过快

这些习惯都会对消化与吸收造成相当大的负担，超过肠胃能负荷的范围。

摄取过多添加剂与加工食品

这些食品会损伤肠黏膜、增加肠道内的坏菌，使得肠道功能日趋下滑。

肠道与心灵有着深入且密切的关联

近年来，有很多医疗人士都在探讨心理状态与肠道之间的关系。

举例来说，有患者由于持续服用抗生素，使得肠道菌丛失衡，进而引发抑郁症。实际上也有许多罹患身心疾病与抑郁症的患者，在进行调整肠内环境的治疗后，身心病况很快就获得了改善。目前，受到肠内环境影响心理健康的病例也越来越多。

平常过度食用微波食品、加工食品或添加剂，以及睡眠不足的人，心理状态越容易变得抑郁，这是因为肠道内的坏菌增加，让身体无法顺利地分泌血清素；而睡眠质量不佳，使得被称为“压力荷尔蒙”的皮质醇活性降低。虽然肠道与自主神经有着密切的关联，但是肠道却无法随着自己的心意自由操控，因此肠道状态不佳，便可能会导致心情不佳，甚至陷入抑郁——心灵就是受到肠道健康如此巨大的影响。若是最近出现了便秘与腹泻等后面列举的情况，首先就请大家从饮食方面开始重新检视吧！

【症状】

01

便秘

直接受到肠道环境紊乱影响的症状就是便秘！

造成便秘的可能因素就是这些！

- □ 压力、副交感神经功能紊乱
- □ 肠壁的黏液分泌量较少
- □ 大肠蠕动不良
- □ 偏食、膳食纤维摄取不足
- □ 骨盆内的血液循环不畅

MEMO
备忘录

平时受便秘所扰的人，多数都运动不足。肌肉量减少会造成血流状况不佳，逐渐陷入恶性循环。必须在生活中花点心思，如尽量多走路等。

2天以上没有排便就可称为是便秘，而便秘的原因可能在于肠道蠕动不佳、肠壁黏液分泌量较少、能带来好菌的膳食纤维摄取不足，等等。

尤其是女性原本的肌肉量就比较少，基础代谢率较低，因此比男性更容易产生便秘的困扰。事实上，像用餐次数一样1天3次，才是理想的排便次数。便秘会引起痘痘、肌肤干燥粗糙、浮肿、抑郁等各种症状，此外还会造成肝脏的多余负担，因此千万不可置之不理，必须设法改善才行。

ADVICE 建议

- 摄取水溶性膳食纤维（将海藻与菌菇类等富含大量水溶性膳食纤维的蔬菜，做成烫青菜或汤品）。
- 为了加强消化，希望大家尽可能1口咀嚼30次以上，养成细嚼慢咽的饮食习惯。
- 避免吃甜食（甜食会恶化肠内环境，让便秘情况越来越严重）。

【症状】

02

腹泻

若有长期腹泻等慢性症状，必须多加留意！

造成腹泻的可能因素就是这些！

- □ 暴饮暴食导致消化不良
- □ 病毒与细菌引起的发炎情况
- □ 手脚冰冷
- □ 油脂摄取不平衡
- □ 因压力或紧张而引发的肠易激综合征

MEMO

备忘录

若是有伴随着疼痛的激烈腹泻或是长期持续腹泻，请务必就医。在日常生活中总是轻微腹泻，就是肠道吸收状况不佳的征兆。

若是因压力或自主神经功能紊乱造成肠道防御机能下降，会让有害物质更容易入侵，使得肠内菌丛的平衡发生变化。由于未消化的食物在肠道内腐败，导致肠道处于过度活动的状态，就是腹泻的原因。如果是病毒引起的腹泻，请不要强行服药停止，而是应该让身体将不好的物质彻底排出之后，再好好补充营养。另外，也有些人是因为消化功能不佳，才会经常发生腹泻情况。容易腹泻的人可能导致慢性营养不良，或是演变为脱水症状。请大家重新检视自己平常饮食中油脂的摄取情况，更别忘了好好保暖喔！

ADVICE 建议

- ✓ 着手记录肠道日记（请参考 P50），就可以了解自己在吃了什么样的食材后容易腹泻。
- ✓ 一周至少泡澡 2～3 次，让骨盆内部变得温暖。
- ✓ 因为自主神经功能紊乱而引发腹泻，请尽量创造出可以放松的时间，并提升睡眠质量。

【症状】

03

胃部不适

胃的功能一旦下滑，肠内环境也会随之瓦解！

造成胃部不适的可能因素就是这些！

- □ 肠道内的消化酵素不足
- □ 因烦恼等造成的压力，导致自主神经功能紊乱
- □ 过度服用胃药
- □ 暴饮暴食造成胃部的负担，导致消化不良
- □ 手脚冰冷

MEMO
备忘录

只要一感觉到胃部不适，先暂时休息一下也不错。建议大家尝试看看P68介绍的断食法，也会很有效果。

肠与胃可说是互相配合运作的消化器官。当胃部在消化食物时，绝对不可少了胃酸。胃酸可以将吃下肚里的肉类消化，减少肠道的负担。

大家经常会误以为胃酸过多不是一件好事。但其实跟西方人相比之下，东方人的胃酸本来就偏少，可是却有很多人在日常生活中习惯性地服用抑制胃酸的药物。若是肠道的消化酵素变少，不仅会对胃部造成负担，还会让胃酸增加，引起发炎。

请大家一定要记住，只要减少胃部的负担，肠道环境也会随之改善喔！

ADVICE 建议

- 不要在用餐同时做其他事，请专心用餐，细嚼慢咽。
- 避免吃冰冷的食物，早晨喝温热的开水（喝60°C左右的温开水可以让胃部运作得更好）。
- 在用餐一开始可以吃醋渍品、梅干或柠檬等（加强胃部的酸性程度，提升消化力）。

【症状】

04

过敏

很多人都为过敏所苦，过敏可说是一种国民病！

造成过敏的可能因素就是这些！

- □ 遗传或生活习惯造成过敏体质
- □ 外在因素（花粉、金属过敏等）
- □ 自主神经功能紊乱造成的免疫力下降
- □ 延迟性过敏反应（对特定的食物过敏、肠漏症等）

MEMO
备忘录

除了对食物过敏之外，还有可能会因季节转换、温度、湿度等各种原因产生过敏反应，都是属于过敏体质的一种。

肠道内有500种以上、约100兆个肠内菌，这些细菌会以一定的组成比例形成肠内菌丛，掌管人体的免疫系统。不过随着年龄增长或压力等原因，可能会造成肠内菌丛比例失衡，导致免疫力下降，这也是产生过敏或自体免疫性疾病的重要因素。当肠黏膜屏障机能减弱时，不仅会引起发炎，也可能引发肠漏症（请参考P46），让身体产生各种不适与过敏症状。在承受巨大压力的现代人之间，过敏已经是一种越来越常见的疾病。

ADVICE 建议

- ✓ 停止摄取不必要的药物。此外，也要多留心平时摄取的油脂质量与营养是否均衡。
- ✓ 由于引发过敏的原因具有特定性，可接受过敏原检测。
- ✓ 避免摄取精炼白糖、小麦粉（改善肠内环境，避免身体严重发炎）。

【症状】

05

痘痘

不仅要从肌肤外开始保养，也要自肠道内开始变美！

造成痘痘的
可能因素
就是这些！

- □ 慢性便秘
- □ 肠胃状况不佳
- □ 自主神经功能紊乱、荷尔蒙平衡失调
- □ 使用不合适的化妆品
- □ 寝具或毛巾类脏污

MEMO
备忘录

若肌肤出现痘痘，荷尔蒙平衡失调是一个重要因素，必须双管齐下——改善肠内环境的同时，也从外在做好肌肤保养。

大部分为便秘所苦的女性，都会伴随着肌肤上长出痘痘的烦恼。肠内环境紊乱会使自主神经的作用变得迟钝、肌肤血液循环变差，腐败的食物也会停留在肠道内，导致坏菌增加。

在这个过程中产生的有害物质会被输送到全身，使得肌肤长出痘痘。尤其是下巴周围的痘痘与肠道环境更有直接的关系，就算努力保养肌肤也几乎无法改善。

另外，月经与荷尔蒙平衡之间有着密不可分的关联，因此也要记得确认自己月经的状态喔！

ADVICE 建议

- 避免摄取甜食与劣质的油脂（过多的糖分是造成多余皮脂分泌的原因之一）。
- 避免暴饮暴食。此外，有便秘困扰的人应采取对策解决便秘问题。
- 使用卸妆油，确保卸除肌肤上的脏污。平时应防御紫外线的侵袭。

【症状】

06

黯沉、浮肿

促进血液循环，打造出能够排毒的身体！

造成黯沉、浮肿的可能因素就是这些！

- □ 因便秘等原因让老废物质持续累积
- □ 手脚冰冷
- □ 水分代谢状况不佳
- □ 血液循环不良、瘀血
- □ 缺乏所需营养素

MEMO
备忘录

身体缺乏矿物质也可能会造成黯沉、浮肿，最重要的就是必须确保摄取营养，彻底排出老废物质。

肠内环境紊乱会使自主神经功能下滑。肌肤的血液循环变差会造成黯沉，而肠道内产生的有害物质会让血液变得混浊，导致淋巴循环变慢，引起身体的浮肿问题。由于肠道与肌肤的关联相当密切，负责决定血液质量重任的解毒器官——肝脏与肾脏，也与肌肤状况有着紧密的关联。

最重要的就是要改善血流与淋巴流动情况，不让体内累积老废物质。黯沉与浮肿就是身体状况不佳的第一个征兆，千万不要错过身体发出的任何警告，务必要积极地解决问题。

ADVICE 建议

- ☑ 避免摄取甜食，同时确保摄取动物性蛋白质，解决欠缺营养素的问题。
- ☑ 借由运动与按摩改善手脚冰冷与血液循环不良等情况。
- ☑ 尽量泡澡，改善身体末梢的血液循环状况。

尽管这些都不是非常危急的症状，但若因此置之不理，便有可能引起心理上的问题，或是更严重的内脏疾病。整治好肠内环境，便能将重大疾病防患于未然。在接下来的章节中，将详细地告诉大家整治肠道环境的方法。

肠道环境紊乱会出现许多身体不适的征兆，像便秘、腹泻，女性较常出现粉刺与痘痘等肌肤问题，甚至还有过敏症状等。

DOCTOR'S NOTE

医者笔记

肠漏症（Leaky Gut）

在英文中，肠道是 Gut，液体渗漏则是 Leak，因此所谓的肠漏症（Leaky Gut）指的就是肠黏膜之间出现隙缝，使得细菌、病毒与未消化的蛋白质等物质从肠道中渗漏出来，进入血液之中的状态。目前肠漏症之所以备受瞩目是因为肠黏膜屏障机能减弱所引起的发炎情况，会引发各式各样的身体不适与过敏症状。现在有越来越多研究表明，暴饮暴食与压力等正是引起肠漏症最主要的原因。

THE PLACE
BEAUTIFUL SKIN
IS MADE

3.

造就美肌的『整肠』心得

为了塑造良好肠内环境必须留意的 7 件事

患者经常会问我:“若想要整治出良好的肠内环境，该从哪些事开始做起呢？”这时候我都会告诉患者:“每天都请留意并观察自己的肠道状态。”

举例来说，像自己吃了什么、多久排便一次、排泄物的状态等。

就如同在前页说的一样，肠道、心理与肌肤都有着密不可分的关联，除了肠道状态的好坏之外，还可以试着注意自己的肌肤状态如何、心情是否低落、是否容易感到暴躁、肌肤是否出现发痒与泛红等过敏症状，留心观察这些小小的身体变化。

若是察觉到自己有便秘、腹泻、消化不良、吃不下早餐、肌肤上长出痘痘等情况，只要感觉到有一点点不对劲，就请留意自己是在吃了什么之后感到身体状况不佳，同时也要观察排泄物的气味、形状与分量等。因为当肠道里的坏菌增加时，粪便的臭味会变重等，大家应该都可以感受到这些变化。

在接下来的章节中，将详细为各位介绍可以整治出良好肠内环境的具体方法。不过，千万不要试图在每一方面都追求达到完美的境界，只要从自己可以做到的地方开始慢慢尝试就可以了。

首先，请观察自己的消化情况是否顺畅，若是感觉到有一点点不顺，就试试后述的方法吧！在每天的仔细观察中了解自己的情况，就是整治肠道环境的不二法门。

【医生建议】

01

记录肠道日记

若是觉得最近肌肤粗糙、干燥又迟迟无法改善，并且还感觉有点便秘等，像这样同时具有肌肤与肠道烦恼的人，在前往诊所就诊时，医生可能会请你记录肠道日记，内容可能包含每一天的身体状况、饮食的内容、肠道与肌肤的状态，等等。虽然不必太大费周章，只是像做笔记一样记录即可，医生却能从肠道日记中了解到当你肌肤状态不佳时，是吃了什么样的食物、那阵子发生了什么事、排泄物的状态如何，等等。

借由记录肠道日记，就可以从中看出引起肌肤粗糙、便秘的原因究竟是什么，让自己在不过度勉强的情况下，找出解决的方法。记录肠道日记可说是一种能让人一边回顾自己的生活状态，一边了解自己体质的有效方式。

肠道日记

年　月　日（　）

	食物	健康辅助食品
早		
中		
晚		

体重　　Kg　　睡眠时间　：～：

体温　　℃　　身体状况　1……5……10

月经　　压力　1……5……10

肌肤状态

粗糙干燥　1……5……10

瘙痒　1……5……10

肠道状态

排便　　次

分量、硬度

备忘录

【医生建议】

0 2

重新检视自己平常摄取的油脂

尽管油脂被视为减肥的大敌，但其实油脂也是维持我们人体运作的重要成分。举例来说，大脑有 60%都是由脂质构成，不仅如此，荷尔蒙、胆汁与以肠道为首的所有细胞膜，以及维持美肌都绝对少不了脂质。

要记住脂质大致上可以分为 2 种，分别是在肉类之中富含的饱和脂肪酸，以及在鱼类及植物中富含的不饱和脂肪酸。另外，不饱和脂肪酸还可以再细分为 ω-3、ω-6 与 ω-9 等脂肪酸。

在日常生活中经常有机会摄取到的橄榄油，其脂肪酸属于丰富的 ω-9（单不饱和脂肪酸），这种不饱和脂肪酸能适应高温，降低坏胆固醇，并具有改善便秘的效果。而芝麻油与葡萄籽油中的亚麻油酸含有丰富的 ω-6（多不饱和脂肪酸），多用于加工食品当中，与奶油、肉类、乳制品等饱和脂肪酸一样，必须留意不可摄取过量。理想的饱和脂肪酸、单不饱和脂肪酸、多不饱和脂肪酸的摄取比例为 3：4：3。请大家一定要记住，有些油脂适合积极摄取，有些油脂则不然。

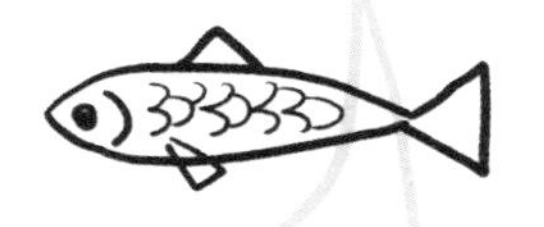

【医生建议】

02-①

☑

对身体而言，什么是不该摄取的油脂呢？

作为一位医生，希望大家避免吃下肚的油脂，就是将氢加入植物油里，使油脂呈现半固态状的反式脂肪——人造奶油与起酥油就是其中最具代表性的油脂，广泛使用于冰淇淋、奶精、面包、甜点、美乃滋等加工食品当中。世界各国目前已经开始纷纷正视反式脂肪带来的危害，像欧洲、美国与亚洲各国都已明文规定禁止使用。反式脂肪会增加肠道内的坏胆固醇，使好胆固醇减少，并抑制细胞的作用。就结论而言，反式脂肪会诱发糖尿病、阿尔茨海默病、癌症、过敏性疾病等，因此希望大家尽可能避免摄取反式脂肪。

另外，使用基因改造产品所制造出的油脂，也是必须避免摄取的油脂之一。如果是使用基因改造产品所制造的油脂，在包装上就会清楚注明，因此请大家在购买之前先确认。此外，市面上有些橄榄油是含有反式脂肪的假油，辨识时应多留意成分标示才不至于误食。

使用溶剂提炼出的色拉油等，也含有高比例的反式脂肪，请千万要留意！

【医生建议】

02-②

☑

希望大家积极摄取的油脂

ω-3 脂肪酸在人体内无法自行合成，要是没有特别留意的话，其实很难摄取到。最具代表性的就是在亚麻籽油、紫苏油等植物油，以及种子中含有的 α- 亚麻酸，还有在青背鱼油中富含的 DHA、EPA 等。ω-3 脂肪酸是一种人体不可或缺的脂肪酸，一方面，不仅能降低中性脂肪、预防动脉硬化，还能维持血液与血管的健康，希望大家积极摄取；但另一方面，这种脂肪酸的缺点是容易氧化，而且也不适合加热。含有 ω-3 的油脂可以加强身体免疫系统的功能，含有 ω-6 的油脂则会促使身体产生发炎症状。不过令人意外的是，平时为过敏所苦的人，即便是风评甚佳的 ω-3 也不可以摄取过量，必须多加留意。

OMEGA 6

ω-6

· 玉米胚芽油、葵花籽油
· 棉籽油、芝麻油

在日常生活中自然而然就能大量摄取到，因此无须特别留心摄取。

OMEGA 9

ω-9

· 橄榄油
· 菜籽油、棕榈油

算是比较不容易氧化的油脂，因此也可以使用于加热烹调的料理。

OMEGA 3

ω-3

· 青背鱼油、坚果类
· 亚麻籽油、紫苏油

若能与蛋白质同时摄取，可提升吸收率。

【医生建议】

02-③

√

容易吸收的酥油，值得推荐给大家！

各位知道草饲奶油吗？所谓的草饲奶油指的是，以牧草为食、在草原放牧饲养、毫无压力的乳牛所生产奶制作的奶油。一般的奶油原料是由以谷类为食所饲养出的乳牛生产，含有丰富的ω-6脂肪酸，相比之下草饲奶油则含有较高比例的ω-3脂肪酸，而且热量也比较低。不仅如此，短链脂肪酸与中链脂肪酸还能直接抵达肝脏，让肠道获得休息。同时还能一边分解、燃烧脂肪，一边迅速将脂肪转换成能量，因此不需要担心血糖上升的问题。

在国外，草饲奶油已越来越受到大家欢迎。若是在亚洲想要尝试的话，则建议大家使用完全去除水分、乳糖、蛋白质的草饲奶油，也就是有机酥油。在阿育吠陀传统医学之中，酥油也是一种不可或缺的食材，

由于酥油当中已经去除了乳糖，即便是不适合食用乳制品的人也能安心摄取。

在印度及斯里兰卡等地人们皆广泛食用酥油。

目前，在热衷追求健康的现代人之间，防弹咖啡的优点广为流传，就算不吃正餐也能迅速补充能量，因此很多人都会用防弹咖啡来取代早餐。我自己也会将酥油溶化在咖啡之中，每天早上都喝上一杯。

【医生建议】

03

多摄取肠内菌喜爱的食物

近年来“活菌”掀起了一股话题，大家又重新发现了发酵食品的魅力，不过你知道吗？其实我们所说的“活菌”，就是在全世界都形成热潮的益生菌与益菌生。

我们的肠道环境，是由好菌、坏菌与中间菌（称之为肠内菌丛）所共同组成的。

好菌可以发挥对肠道有益的功效；坏菌则会让肠内的食物腐败，产生有害物质；中间菌不属于好菌，也并非坏菌，不过却会因为身体状况的不同而转变为好菌或坏菌。

而益生菌与益菌生就能帮助维持肠内菌丛的平衡，为身体带来各式各样的好处。一方面，所谓的益生菌，指的是乳酸菌与比菲德氏菌等能对人体带来益处的细菌总称；另一方面，益菌生则是寡糖与发酵食品内含有的营养素，虽然无法以活着的状态抵达肠道，但是却能成为肠道内好菌的食物，抑制坏菌繁殖，发挥“整肠”作用。由于含有益菌生的食物能够帮助我们体内的好菌增加，又很容易取得，因此非常建议大家多多摄取。

除了像味噌、酱油、纳豆、起司、泡菜等大家都很熟悉的发酵食品中都含有益菌生之外，目前市面上也研发出了各式各样的营养辅助食品，大家不妨尽快开始补充“活菌”吧！

【医生建议】

04

摄取膳食纤维

事实上，膳食纤维是一种能为人体带来诸多好处的营养素，不仅可以制造出能成为肠黏膜营养来源的短链脂肪酸，还可以帮助身体吸收矿物质，并且辅助肠道进行蠕动。尽管以往大家并不了解膳食纤维拥有这么多优点，不过现在膳食纤维已经成为继蛋白质、脂质、糖类、矿物质、维生素之后的第六大营养素，其重要性毋庸置疑。

根据目前最新的研究，我们可以得知膳食纤维是存在于肠道中具有多样性的细菌社

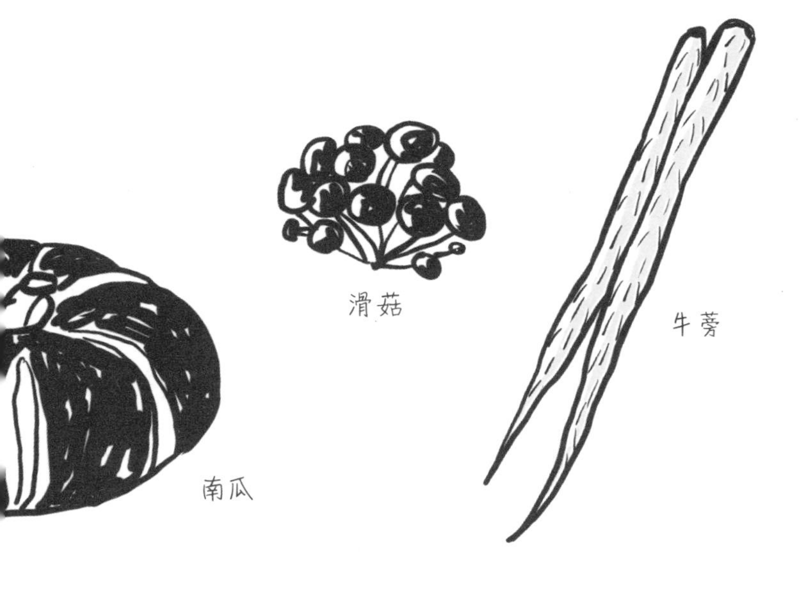

会（菌丛）的营养来源，因此备受瞩目。

而富含膳食纤维的食材（MAC※ 食材）可成为肠内菌的营养来源，若能积极摄取被划分为这类食材的蔬菜、水果与豆类，就能预防便秘、肥胖、过敏性疾病与自体免疫疾病等各种现代病，关于这方面的研究也正日新月异。

像牛蒡、南瓜、胡萝卜与西洋芹等蔬菜，以及糙米、大麦等谷类，还有纳豆、菌菇类、海藻类与水果等，都是建议大家积极摄取的 MAC 食材喔！

※MAC 是 Microbiota Accessible Carbohydrates 的缩写。

【医生建议】

05

促进消化

若是平时经常摄取蛋白质立体结构复杂、多变的加工食品，或只有生蔬菜的沙拉、水果等西式饮食，反而会对于身体的消化系统造成非常大的负担。

当消化能力下降时，不仅无法吸收到身体所需的营养素，还会引起肠内菌比例失衡的问题。

若是最近出现了便秘、肌肤粗糙干燥、过敏等情况，感觉身体出了点状况的话，不妨试着减轻肠道的负担，并设法促进消化。比起严格检视自己吃了些什么，不如掌握下列5个重点，好好了解该怎么吃，以及怎么帮助消化系统完整发挥功能。

☑ 专心用餐

用餐时的环境与心情会影响消化酵素

的分泌量，以及肠壁的运作方式。不要只在乎餐点内容，还必须更着重于与喜欢的人一起愉快、专心地用餐。这么一来，便能提升消化酵素的分泌量，让消化与吸收变得更顺畅，将营养输送到身体的每一个角落。

☑ 细嚼慢咽

在唾液中含有一种可以分解淀粉的酵素，名为淀粉酶。细嚼慢咽之所以能够帮助消化，正是因为在咀嚼时会分泌出唾液，让淀粉酶发挥功效。我们经常听到“越咬越有滋味”这句话，就是由于淀粉酶增加，将食物的分子量分解得更细，让人更容易感觉到食物中每一种滋味的缘故。此外，在细嚼慢咽的过程中也能传送信号至大脑，让身体调整成适合消化与吸收的状态。建议 1 口咀嚼 30 次以上为佳。

☑ 摄取酵素补充食品

人体中很容易缺乏能促进消化的酵素，随着食材分子构造改变的食物与加工食品越来越多，现代人的饮食生活变得非常不利于人体消化与吸收。借由补充摄取消化酵素，便能加强身体的消化与吸收。在用餐前摄取酵素补充食品可以提升消化与吸收的效率，尤其是在食用蔬菜沙拉、肉类与鱼类等蛋白质时，建议在用餐前服用效果更佳。

☑ 享受准备食物的乐趣

站在量子力学的角度（请参考 P106）来看，食材会

受到所有环境的影响使分子构造产生改变。因此千万不要在有负面情绪的时候用餐，而应抱着享受的感觉准备食物，才能让食材的分子构造转化成更容易被人体消化与吸收的形态。

这么一来，肠道消化酵素的分泌量也会有所改变！

☑ 不要在用餐时做其他事

在玩手机、看书等无法专心用餐的环境下，即使刻意挑选了绝佳的食材，也无法顺利地消化与吸收，更无法让吃下去的食物顺利地转变为营养。

【医生建议】

06

断食

深受便秘、浮肿与痘痘所苦的人，大部分都处于因各种压力使得自主神经功能紊乱、导致肠道蠕动功能低落的状态，因此在看诊后医生也会将断食当作是治疗的一环，建议患者尝试。

所谓的断食原本是一种宗教上的仪式，以往人们将断食当作是一种精神修行的方式，不过，近年来从医疗与科学的角度进行研究后，断食也被认定可以促进健康并改善体质的一种方式。借由不摄取食物与饮品，让消化器官好好休息，同时也能让身体里累积的老废物质顺畅地排出体外，达到整治出良好肠道环境的目的。

让身体停止分泌消化酵素，同时排出老废物质，便能解决浮肿问题、改善肌肤上的小颗粒，让肌肤纹理更显细致饱满，而且减肥的效果也很值得期待。不仅如此，由于血液会变得干净清澈，因此也能改善黯沉、提升血液循环。在消化器官休息期间，成长荷尔蒙会变得比较活跃，发挥修复细胞的功能，甚至有些人会觉得连思绪也变得比较清楚。再加上肠道与自主神经有着密切的关联，因此也有机会让自主神经的运作恢复正常。此外，由于断食期间肾脏与肝脏等解毒器官也会随着消化器官一起休息，此时身体的能量便可以用在其他代谢功能上，这也是断食的优点之一。

只不过，若是原本血糖值的变动就比较剧烈的人，进行断食会很容易出现饥饿感与低血糖症状，必须多加留意。不仅如此，由于断食可以想象成是重新恢复成婴儿的肠内环境，要是在断食结束后，没有先摄取类似副食品、能让身体恢复正常运作的饮食，就直接大口吃肉的话，反而可能会让肠内环境变得更加恶劣。若是对于断食抱有疑虑的话，建议可在医生或专家的指导下进行。

【医生建议】

06-①

断食的7个关键词

具体而言，断食能带来下列7个效果，一起来看看吧！

KEYWORD 1.

排出毒素

借由让肠道休息，解决累积在肠壁的宿便问题，还能让血液质量变好，帮助排出累积在细胞内的毒素。

KEYWORD 2.

提升免疫力

集中人体约 7 成免疫细胞的小肠，若能获得休息，让状态重新归零，便能让免疫细胞更活性化，提升整体免疫力。另外，还能改善过敏与异位性皮肤炎等自体免疫疾病。

KEYWORD 3.

体内酵素更具活性

借由断食可以让身体的能量使用在消化与吸收之外的代谢上，让体内的酵素变得更具活性。

KEYWORD 4.

改善浮肿

让滞留于淋巴液的水分与毒素得以排出，同时改善浮肿的问题。

KEYWORD 5.

减肥效果

借着改善肠壁的功能，促进身体消化与吸收，使排便变得更加顺畅。让进食与排便达成平衡，维持恰当的比例。

KEYWORD 6.

让内脏休养

让大肠与小肠等消化器官好好休息，也能让肾脏与肝脏等解毒功能的器官获得休息。

KEYWORD 7.

帮助身心重返年轻

让全身的细胞重新获得活性，促进新陈代谢，让身心都变得更自在轻松，充满活力。

【医生建议】

06-②

☑ 断食的种类

虽然断食可以带来许许多多的好处，但若是以错误的方法执行，反而会让健康与美容效果大打折扣，因此最重要的就是要在医生与专家的指导之下，以正确的方式进行断食。我为患者规划了2种不同的断食法，可依照时间的长短来选择，并且独家设计了营养补充食品与断食用的特别酵素果汁可配合服用。举例来说，短时间疗程的内容为“排毒1日+断食1日+恢复期1日”，共需3日；而3日疗程的内容则为“排毒3日+断食3日+恢复期3日”，共需9日。此外，像1日减少摄取1餐等，借由小断食让消化器官获得休息也是不错的方法。

\ 这种方式会比较容易！ /

间歇性断食指什么？

在 1 天内维持长时间不进食，就是所谓的间歇性断食，这种断食法在最近非常受关注。让内脏处于较为和缓的压力下，能使身体变得更活性化，甚至还可能带来血糖值与胰岛素下降等效果。虽然关于要维持多长时间不进食的说法不一，不过最受支持的是 16 小时。举例来说，长时间的睡眠也可以算是间歇性断食的一种，比其他断食法更容易达成，算是这种断食法最大的优点。

【医生建议】

07

肠道按摩

若能从根本改善被誉为“第二个大脑”的肠道质量，便能重新找回健康的肌肤，因此建议大家进行肠道按摩，以大肠与小肠的位置为主，仔细地按摩。

肠道按摩是一种能整治出良好肠道状态的治疗法。无论是慢性的皮肤粗糙干燥、肤况失调、自主神经功能紊乱、过敏与异位性皮肤炎等状况，只要是想要改善肠道环境的人，都可以请拥有相关知识与证照的护理师，依照每一位患者的肠道状态进行按摩。这么做不仅可以让肠道变得温暖、促进血液循环、让身体变得更活性化，还能让自主神经恢复成正常的状态，让压力获得释放。也有报告指出，肠道按摩不仅可以让排便更顺畅，还能让睡眠更深沉、体温上升、肌肤变好等，带来许许多多的优点。

肠道按摩的位置

主要以大肠与小肠的位置为中心，可以再稍微往上，按摩到靠近胃部的位置。

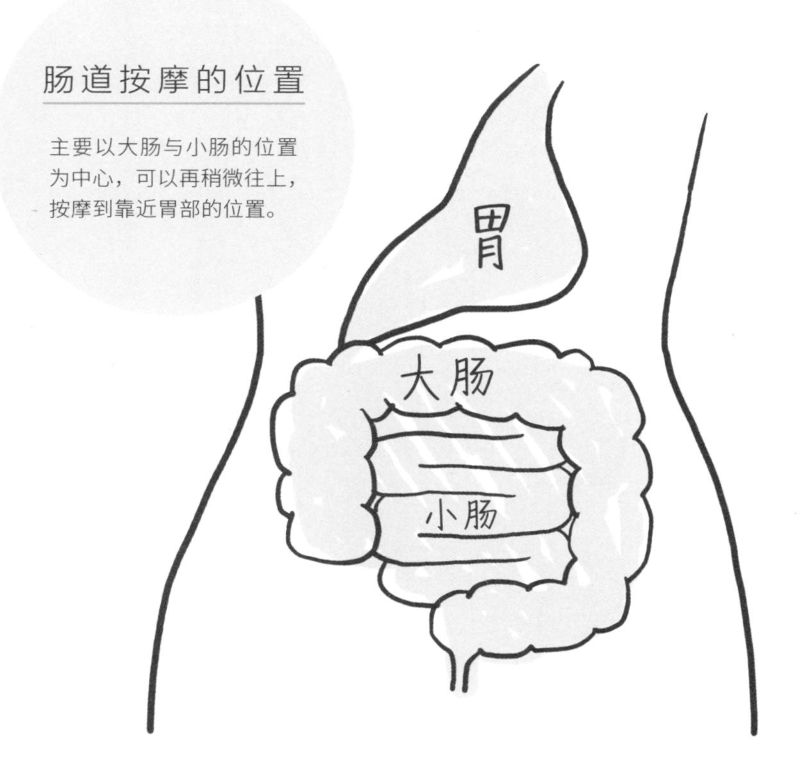

注意事项

若是在家里尝试肠道按摩，请避免于用餐后进行，建议在就寝前、早晨或入浴后等时间按摩，一天按摩 1 次以上为佳。按摩时请务必注意，不要用力到产生疼痛感。此外，怀孕时请不要按摩。

肠道按摩的方法

（监修：日本养肠协会）

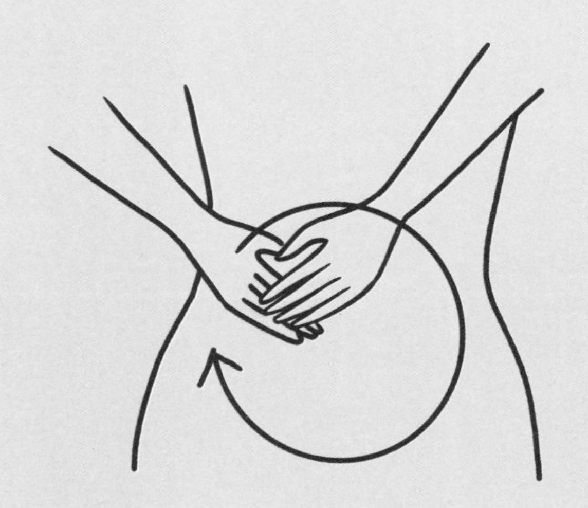

STEP 1.

双手交叠，以画圆的方式轻柔地摩擦大肠附近的位置。以顺时针方向慢慢摩擦4～5圈。

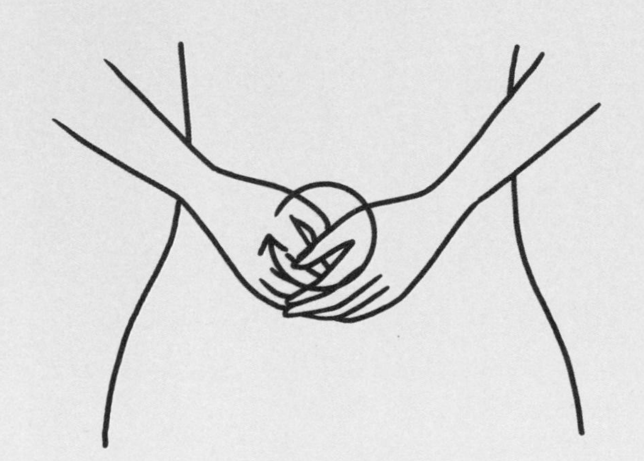

STEP 2.

双手交叠放在肚脐上方，不需移动双手的位置，以手掌依顺时针方向轻柔地上下按压。

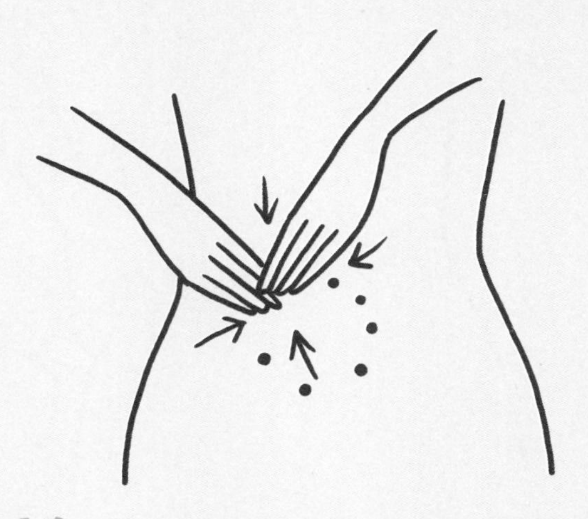

STEP 3.

指尖稍微用力地对着小肠的位置（图中标示原点处），以指腹按压。感觉就像是让小肠获得舒缓一样，应留意不要太用力按压，也不要用指尖按压。

STEP 4.

按压偏外侧的大肠位置。将右手大拇指放在腰骨内侧，其余手指放在背后，就像是夹住腰部一样。将大拇指以向外拨开的方式按压。

STEP 5.

左侧也采用相同的方式，以大拇指按压腰际，将大拇指以向外拨开的方式按压。左上角（★记号处）为结肠位置，很容易累积宿便，必须特别仔细地揉捏按摩。

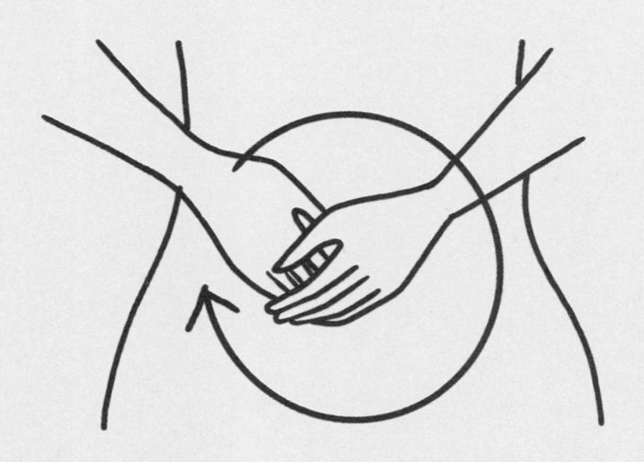

STEP 6.

双手交叠，于 STEP2 ～ 5 按摩过的所有位置，用整个手掌重新按压，带来舒缓的作用。从右侧以顺时针方向按压。

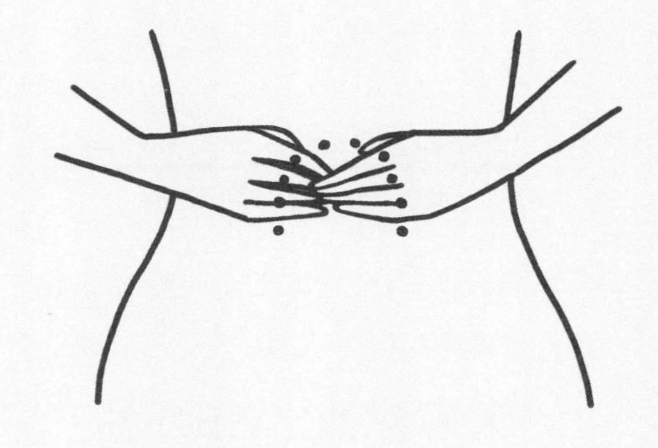

STEP 7.

在更上面一点的横膈膜位置（肋骨下方），使用指腹按压，以带来舒缓效果。这么一来，呼吸也会变得比较顺畅。

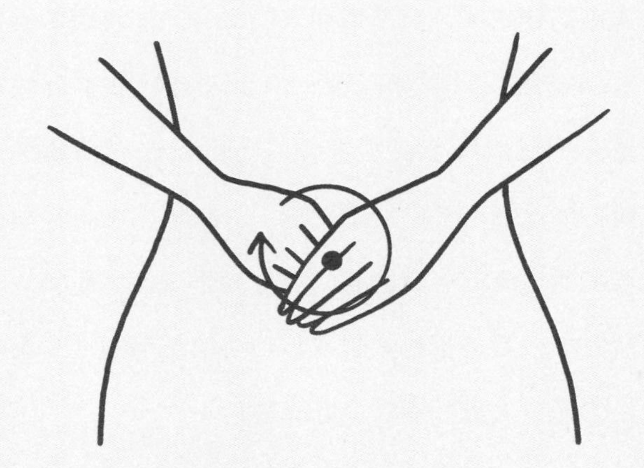

STEP 8.

最后，将双手交叠于肚脐上方，以手掌缓缓按压，整治肠道环境。将双手置于这个位置，深呼吸 3 次后便完成了整套按摩步骤。

DOCTOR'S NOTE

医者笔记

大麻籽油（CBD 油）

你知道什么是大麻籽油吗？这是一种去除了大麻的迷幻成分后萃取而来的油分，能够缓解慢性疼痛与睡眠障碍等问题。由于大麻籽油不具成瘾性，不仅能调节自主神经，还可以让心情焕然一新，因此引起了广泛的讨论。失眠与自主神经功能紊乱所造成的心灵问题，被称为是现代文明病，影响巨大。若是容易失眠或感到心情低落的人，不妨记住还有大麻籽油这个选择喔！

THE PLACE
BEAUTIFUL SKIN
IS MADE

4.

一定要记住的美肠&美肌营养素

美肠与美肌的推荐营养素

为了维持健康的肌肤与身体，绝对不可或缺的营养素有：维生素 B 族、酵素、维生素 A、铁、锌、维生素 D、维生素 C、胶原蛋白等。接下来就向各位详细地介绍这些营养素的优点。

尽管有些人平时就留意要积极摄取蔬菜、尽量吃日式餐点，但事实上，大多数现代人仍处于营养不良的状态。由于食材的栽培与加工方式与以往相比产生了相当大的变化，就算跟以前吃的是同样的食物，也不见得可以摄取到与以往相同分量的营养素。另外，尽管以为自己已经将具有营养价值的食物吃下肚了，也很可能因为身体无法顺利地消化与吸收，而没有真正摄取到营养，尤其是因减肥等因素正在采取饮食控制的人更是如此。

肠道黏膜必须拥有丰富的原料才能顺利运作，一旦原料不足，便无法输送充足的营养至肌肤，这么一来当然也无法拥有美肌。

除此之外，体内的营养素不足也会造成肠道内的坏菌增加，导致体内的铁与锌被坏菌夺走，带来可怕的后果。虽然体内不能完全没有坏菌，但也必须多加留意以维持肠道菌丛的平衡才行。首先就是要在平日的饮食中，有意识地摄取均衡的营养素；若是受到生活状态的影响导致某些营养素摄取不足的话，也必须借由摄取营养补充食品来弥补。

另外，只要多留意正确的摄取方式，例如，锌必须在用餐后服用，酵素则必须在用餐时摄取等，便能更有效率地摄取到营养素，这也是服用营养补充食品的好处之一。

【营养素】

01

维生素B族

为维护肠道与肌肤健康，须积极摄取的营养素！

有下列情况的人必须多多摄取

- □ 肠道状况不佳
- □ 口角炎、肌肤粗糙干燥
- □ 眼睛容易充血
- □ 疲惫感挥之不去
- □ 容易抑郁
- □ 精神状态不稳定

【摄取方式】

★猪肉 ★纳豆
★鲣鱼 ★肝脏
★菠菜

维生素B族为水溶性维生素，平时可多食用料多味美的味噌汤、火锅汤、蔬菜汤等，就能摄取到大量的维生素B族。

维生素 B 族可说是维持生命能量来源所不可或缺的营养素，可以发挥生成蛋白质、分解糖分、代谢等功能，并作为所有酵素的辅酵素发挥作用，而且事实上维生素 B 族还能制造出肠内菌。

其中，维生素 B_6 甚至还有“维生素之王”的美誉，而维生素 B_2 与 B_{12} 更以“美肌维生素”广为人知。现代人普遍都有维生素 B 族摄取不足的问题，原因就在于过度食用加工食品、压力或长期使用抗生素等，受到饮食与生活方式的影响巨大。一旦体内的维生素 B 族不足，就会使糖分代谢情形变差，因此若是白天经常感到疲倦想睡的话，应积极摄取维生素 B 族。而目前我们也得知，茹素者很容易缺乏维生素 B_{12}，会使大脑处于较容易亢奋的状态。

由于单一成分的 B 族难以在身体中发挥功效，各种维生素 B 会以相辅相成的方式发挥作用，因此建议摄取综合 B 族会比较理想。

【营养素】

02

酵素

消化状况不佳的人所需的有益菌的力量！

有下列情况的人必须多多摄取

- □ 消化不良
- □ 便秘
- □ 血液循环不佳
- □ 经常吃肉与生蔬菜
- □ 容易胀气

【摄取方式】

★木瓜 ★白萝卜
★奇异果 ★高丽菜
★味噌

虽然直接生食水果与蔬菜就能摄取到酵素，不过，光靠食物容易摄取不足，可利用营养补充食品帮助摄取。

若希望身体能灵活运用维生素与矿物质等营养素，便绝对不可少了酵素。若说酵素是维系我们人类生命活动的主角，绝非言过其实。酵素的种类至少有3000种以上，而且每一种酵素都各司其职。

首先，容易消化不良的人应多摄取消化酵素。由于现在市面上的加工食品越来越多，蛋白质构造经过变异的微波食品愈加普及，使得现代化的饮食光靠一般的酵素难以分解。因此，食物在无法彻底消化的状态下直接在肠道中腐败，导致肠黏膜受到损伤的人越来越多。

此外，血液不清澈也是受到酵素不足的影响。若是平常喜爱吃肉，建议积极摄取酵素类的营养补充食品，才能维护良好的肠道环境。酵素类的营养补充食品在用餐前后皆可摄取。新鲜的生机饮食（生食水果、蔬菜、肉、鱼等）与发酵食品中都含有酵素。

【营养素】

03

维生素A

滋润肌肤与黏膜的脂溶性维生素！

有下列情况的人必须多多摄取

- □ 视力恶化、干眼症
- □ 肌肤干燥
- □ 黏膜容易干燥
- □ 容易感冒
- □ 经常照射紫外线

【摄取方式】

★猪肝、鸡肝 ★胡萝卜
★黄麻叶 ★鳗鱼
★鮟鱇鱼肝

由于维生素A溶于油脂后，吸收力会变佳，因此若是蔬菜建议以炒青菜的方式食用，生蔬菜则建议淋上酱汁。

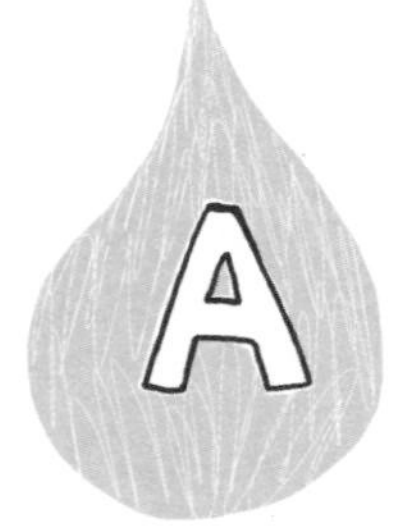

维持免疫系统、生殖与内脏功能不可或缺的维生素A，大致可分为2种，分别是在猪肝、鸡肝、鳗鱼等肉类与鱼类及乳制品中含有的A醇，以及胡萝卜与南瓜等植物中含量丰富的β胡萝卜素。β胡萝卜素在被摄取后会暂时储存在身体里，等到需要时便能发挥功效。

一旦体内的维生素A不足，会出现干眼症、视力恶化、肌肤与黏膜干燥、免疫力下滑等症状。尤其是肌肤干燥、过敏体质及黏膜容易干燥的人，建议更要积极摄取维生素A。

由于维生素A属于脂溶性维生素，若能将富含维生素A的食材与油脂一起料理，更能加强其被吸收的效果。若是利用营养补充食品摄取维生素A，要小心不可摄取过量，一旦摄取过量可能会引起头痛、晕眩等症状，反而会危及健康，一定要多加留意。

【营养素】

04

铁

辅助酵素发挥功效的重要营养素！

有下列情况的人必须多多摄取

- □ 贫血
- □ 容易色素沉淀
- □ 肌肤黯沉
- □ 不容易练出肌肉
- □ 指甲容易断裂
- □ 容易感到疲倦

Fe

【摄取方式】

★肝脏 ★小鱼干
★海藻 ★花蚬
★芝麻

由于味噌之中也含有铁质，因此花蚬味噌汤可说是补铁的最佳组合！贫血的人建议食用韭菜炒猪肝。

每个月都会经历生理期的女性，很容易发生缺铁的情况。由于铁也是制造蛋白质的必要成分，除了平时容易贫血的人之外，建议想要练肌肉的人也要多多摄取铁质。另外，铁质比较不为人知的好处是它也能有效对付肌肤上的斑点与色素沉淀。因为斑点与色素沉淀的源头是麦拉宁黑色素，唯有让过氧化氢酶这种酵素发挥作用，才能分解麦拉宁黑色素，而铁质正是让这种酵素发挥作用的关键。

平时除了品尝猪肝等食材，借由饮食来补充铁质外，也建议大家多多利用营养补充食品来摄取铁质。不过铁质被摄取后，会暂时储藏在肠黏膜，身体只会吸收当下需要的量，因此就算一口气摄取了大量铁质，也无法提升其被吸收的效率。

以铁质为首的矿物质成分，会以均衡的比例在身体中发挥作用，担任辅助酵素的角色。平时应留意适量摄取，让身体中的各种矿物质各司其职，发挥最理想的效果。

【营养素】

05

锌

帮助修复伤口与细胞损伤，晒伤后不易恢复的人也可多摄取！

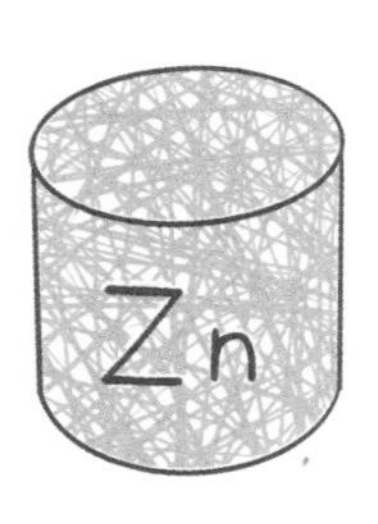

有下列情况的人必须多多摄取

- ☐ 味觉障碍
- ☐ 伤口不易愈合
- ☐ 日晒后容易残留晒伤痕迹
- ☐ 肌肤与发丝干燥粗糙
- ☐ 饮酒量大

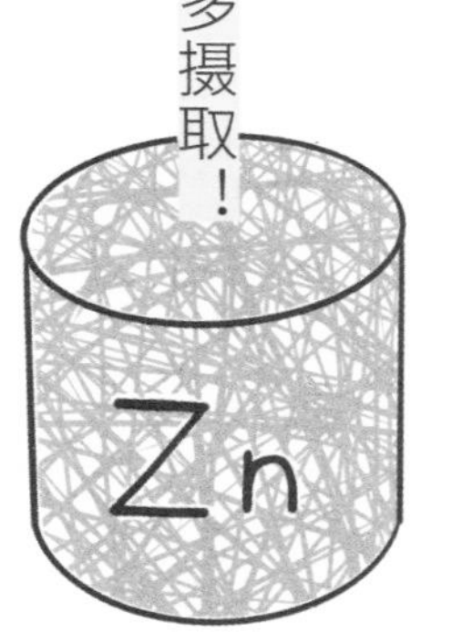

【摄取方式】

★牡蛎 ★猪肝
★螃蟹 ★牛肉
★糙米

锌与维生素C一起摄取，能提升吸收效率。牡蛎淋上柠檬汁一起入口享用，可说是摄取营养素的小智慧！

矿物质能够有效帮助体内的有害金属排出体外，并且辅助体内各种酵素的运作。其中，锌就是容易摄取不足的矿物质之一。

一旦体内缺乏锌，不仅会引起味觉障碍，晒伤后也不易恢复成原本的肤色，更是造成伤口难以愈合、肌肤黯沉等问题的主要原因。由于锌可以促进蛋白质的代谢，因此若是烦恼肌肤与发丝没有光泽、干燥僵硬的人，绝对不可以忽略锌的摄取。锌可说是维持美丽肌肤与发丝的必要矿物质。

此外，由于锌很容易与汗水一起排出体外，或是被酒精阻碍吸收，因此运动量较大或是经常饮酒的人，皆须留意锌的摄取。

另外，由于锌容易刺激胃，若要利用营养补充食品摄取锌的话，应避免在空腹时服用，用餐后再摄取较为适合。

【营养素】

06

维生素D

很容易欠缺的免疫相关营养素！

有下列情况的人
必须多多摄取

- □ 免疫力低下
- □ 骨骼有问题
- □ 容易感冒
- □ 肝脏受损
- □ 过敏体质
- □ 很少照射紫外线

【摄取方式】

★鱼干　★沙丁鱼
★菌菇类
★木耳　★蛋

由于维生素 D 溶于油脂后能提升吸收力，因此适合以拌炒的方式料理，或是与芝麻等种子类一起摄取。

只要沐浴在阳光下，身体便能自行合成维生素 D。不过近年来由于大家都普遍认为紫外线会对肌肤造成损伤，因此很多人都尽量避免照射到紫外线，但这么一来，又使得维生素 D 不足的新问题浮上台面。我请前来看诊的患者通过血液检查体内维生素 D 的含量时，发现许多人都处于极度缺乏的状态。

一旦体内的维生素 D 不足，钙质的吸收率也会下降，因此为了维持骨骼强健，维生素 D 也是不可或缺的营养素。

此外，每年一到冬季就会盛行流感，原因之一就是此时维生素 D 的合成量较少。而肝脏与肾脏等解毒器官要完整运作，也需要维生素 D 的帮助。若本身属于过敏体质的人，建议一定要多加摄取。而且，近年来，维生素 D 的抗癌效果也备受瞩目，其重要性不言而喻。

【营养素】
07

维生素C

具备美肌与抗氧化效果，平时生活繁忙的人务必积极摄取！

有下列情况的人必须多多摄取

- □ 肌肤干燥粗糙、缺乏弹性
- □ 斑点与色素沉淀问题
- □ 容易感冒
- □ 生活中充满压力
- □ 容易感到疲倦
- □ 经常摄取糖分、甜食

【摄取方式】

★红椒、黄椒 ★樱桃
★青花菜 ★球芽甘蓝

水果中，以番石榴的维生素 C 含量最多。另外，羽衣甘蓝等富含维生素 C 的蔬菜也备受瞩目。要摄取营养补充食品的话，建议在空腹时服用。

维生素 C 可说是最常见的营养素，不仅可以促进铁与钙等矿物质吸收，同时也能促进胶原蛋白生成，是人体不可或缺的水溶性维生素。一旦体内的维生素 C 不足，便容易感到疲倦、肌肤黯沉、肌肉量下降，并可能对心脏与呼吸等方面造成障碍。

维生素 C 具有许多广为人知的好处，比如，可以抑制麦拉宁黑色素的生成、预防晒伤、帮助释放压力、预防感冒与体内氧化等。平常生活忙碌，或是过度摄取糖分的人，请务必积极摄取维生素 C。因为越是忙碌的人，肾上腺分泌的皮质醇就越过度，而糖分摄取过量的人，免疫力则容易下降。当身体感受到压力时，最容易产生氧化，因此必须补充维生素 C 来达到抗氧化的目的。此外，最近在抗癌治疗的医疗最前线，也相当期待维生素 C 带来的效果。

【营养素】

08

胶原蛋白

让细胞间紧密连接的蛋白质，堪称美肌之源！

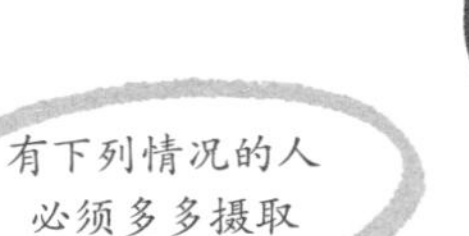

- □ 肌肤张力与弹力下滑
- □ 肌肤干燥、有小细纹
- □ 眼睛疲劳
- □ 关节疼痛、骨质疏松症

【摄取方式】

★牛筋　★鸡软骨
★鱼翅　★鲑鱼
★秋刀鱼

鱼类的皮与肉之间，含有大量的胶原蛋白，因此尽量连鱼皮一起吃得干干净净吧！

Collagen

构成我们身体的蛋白质中，胶原蛋白约占 30%。胶原蛋白不仅是构成肌肤、韧带、肌腱、骨骼、软骨的成分，也能发挥宛如胶水般的功效，将细胞之间连接起来。此外，肠胃、血管壁等部位也绝对不可少了胶原蛋白，尤其是肌肤，其中的胶原蛋白更是占了 70%之多。

相信大家都知道胶原蛋白能为肌肤带来饱满的张力与弹性，可说是美肌的源头，但其实胶原蛋白也能打造出让细胞容易活动的环境，绝对是身体中不可或缺的成分。

一方面，随着年龄增长，体内的胶原蛋白会逐渐减少，为了有效率地摄取胶原蛋白，平时就必须积极摄取优质蛋白质，同时也建议一并摄取维生素 C 与钙质，才能活化胶原蛋白；另一方面，适度的运动也能促进胶原蛋白的生成，这一点千万别忘了哟！

DOCTOR'S NOTE

医者笔记

METATRON 测量仪

METATRON 是俄罗斯科学家所研发出的熵值（Entropy）测量仪，借由探测人体发出的频率与外部频率产生的共振，寻找疾病与身体状况不佳的原因。这是一种以西洋医学为基础的治疗仪器，可以从“整合医学”的角度为患者做出全面性的诊断，因此我的诊所抢先一步引进了这款最新仪器，可以做出细微至基因等级的 2600 种测量，推测出疾病源头，甚至能在尚未患病的状态下预测出疾病，目前已全面应用在诊疗上。

THE PLACE
BEAUTIFUL SKIN
IS MADE

5.

影响巨大的『隐形力量』

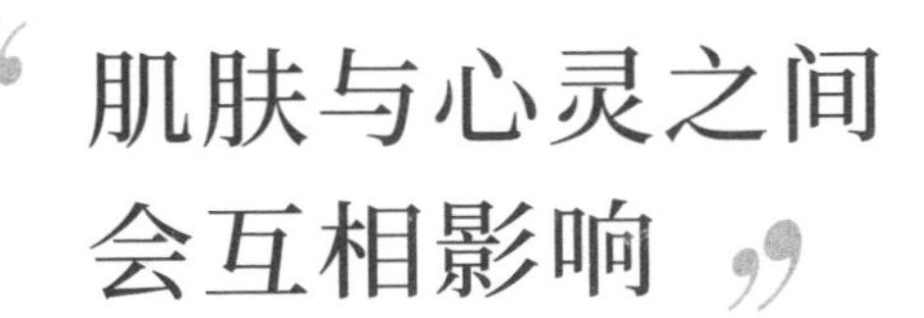

“肌肤与心灵之间会互相影响”

来找我看诊的大多数患者都有肌肤问题的烦恼，如痘痘、粉刺、斑点、黯沉或过敏症状等。

虽然每个人的症状都有所不同，但大家却有个共同之处——那就是都隐隐约约散发出负面的情绪，埋藏着不安与不满，仿佛生活正陷入进退两难的难解局面。

肌肤表面出现的问题，有时候其实是压力与心理状态引起的具体反应。

“究竟该怎么做才能维持健康呢？”

“我是不是哪里做得不够呢？”

现在有越来越多患者向我提出这样的问题。

其实，大家真正需要的并不是治疗痘痘、粉刺的药膏或处方笺，而是应该了解要如何面对压力与自己的内心。

我为什么会这么说呢?

因为我深知肌肤状态与心理状况密不可分，彼此会互相影响。

想要培育出健康的肌肤，就一定要侧耳倾听自己内心的声音。

希望大家都能一起好好思考，创造出能够诚实面对自己、倾听自我心声的珍贵时间。

“能帮助治疗的语言力量”

“我从不参加反战游行，
等有倡导和平的游行再找我吧！”

特蕾莎修女的这句名言，

真正的含义是让我们不要把焦点

放在“战争”，而是要聚焦在“和平”。

她的话语中藏着如此深切的真意。

全世界人人景仰的特蕾莎修女所说的这句话，让人不禁豁然开朗。正是因为人们都把思考的焦点放在战争，战争才从未止息。思考模式与语言具有控制人心的力量，总是在思考疾病的人，便很容易染病上身；太过在意肌肤颗粒的人，干燥粗糙的问题就迟迟不能改善。唯有以积极的思考模式说出正面言语的人，才能及早治愈疾病。我认为特蕾莎修女的这句话中，想要传达给大家的就是这样的信息。

量子力学的角度

我在成立诊所时，就深感自己必须了解更多方面、更深入的知识，于是决定开始学习营养学，也因此重新认识了量子力学。提到量子力学，应该有人会联想到超级神冈探测器，或是曾听说过荣获诺贝尔奖的微中子研究吧！

简单来说，量子力学这门物理学是在研究比原子更小的粒子——量子行为。在这个世界上的所有物质，都是由肉眼看不见的量子所组成。当每一个量子震动时，便会形成频率。借由掌握量子的频率，就能观察出肉眼看不见的细微量子，同时也能应用在整合医疗上。

在我的诊所中采用的 METATRON 测量仪（请参考 P100），便是借由测量熵值（Entropy）来探测人体发出的频率与外部频率所产生的共振，以寻找出疾病与身体状况不佳的原因，这也是以量子力学作为基础所研发出的仪器。像 X 光与计算机断层扫描观察不出的细胞细微变化，就可以从 METATRON 测量仪显示的频率信号中看出来。

在美国，量子医学治疗已经是一门显学，能带来治疗效果的频率研究也在不断发展进步中。我也曾向量子医学权威讨教过关于 528Hz 的奇迹频率。在日本也有类似的民间疗法，虽然比较偏向古老的智慧，但这些都是借由频率来达到治疗的目的，与量子力学的构想相当接近。人体内的每个内脏、DNA 到言语与声音，都存在着波动。若能在尚未患病的状态下发现这些细微的变化，相信一定能拓展出医疗更多的可能性。

“对植物说话，植物也会产生反应”

在日本，自古以来便相信语言中藏有特殊的力量，即使在现代仍有“言灵”一词，即话语一旦说出口，就会带来具体的影响。

正向积极的语言，具有将事情引导至良好方向的能量。举例来说，你可曾听说过这样的佳话呢？

若是每天都对着即将枯萎的植物说：“你真漂亮，谢谢你。”植物就会一点一滴地恢复生机，绽放出花朵；对着身体状况不佳的宠物，努力安慰它：“一定会好起来的，你真乖。”结果宠物就慢慢恢复健康了等诸如此类的例子。

尽管有些人可能会觉得这些应该是巧合吧，不过，在量子力学的世界中这些都是极为正常且合理的现象。

举例来说，在一盆植物旁写上“爱”，在另一盆植物旁则写上“厌”。或许环境也会带来些许差异，不过光是这么做，这两盆植物的成长方式就会截然不同喔！

每个人说出来的话语都具有能量，会传播出不同的频率波动。对植物说出积极乐观的好话，就会带来正面的波动，甚至能让濒临枯萎的植物重新恢复生机。像“谢谢”“真开心”等语言都具有正面共振的频率波动；而消极悲观的话语则会带来负面的频率波动。乍听之下似乎很不可思议，不过却是千真万确的喔！

心灵会影响治疗效果——安慰剂效应

现在我想要跟大家分享的是在西医临床试验中获得证实的事。在进行新药的临床试验时，一定会先确定好有哪些受试者。此时，有些受试者会服用真正的新药，另一些受试者则会服用“假药”。不过每个人都不知道自己服用的究竟是新药还是“假药”。事实上，即便服用的是“假药”，还是能达到同样的药理作用，这就是心理暗示的效果，也就是所谓的安慰剂效应。

因为深信自己可以获得治愈，而真的得到了治愈效果，这样的效应虽然在科学上尚未得到完整的解释，不过，站在量子力学的角度上，却是再自然不过的结果。

因为人类的意识与思想会带来安慰剂效应，因此若是总抱有否定心态、个性多疑或是习惯负面思考的人，便无法带来良好的效果。实际上，只有三成左右的人可以真正获得安慰剂效应带来的好处。

正如同有句俗话所说:“百病由心生。”同样地，积极乐观的想法与心态也会带给身体免疫力与治愈力等正面影响，这是毋庸置疑的。只是一个与以往不同的想法，就能改变自己的潜在能力哟!

“事物的频率会依据情感而改变”

就如同语言拥有频率波动一样，从量子力学的角度来看，无论是思绪还是情感都拥有各自的频率，也都会带给事物一定的影响。也就是说，不管是愉快的心情或是罪恶感等负面情绪，都会影响到体内的细胞。

举例来说，在做料理时，若是抱着愤怒焦躁的心情，负面的频率会使得蛋白质的立体结构、水的分子构造发生改变。尽管大家会觉得相当不可思议，不过的确有些人吸烟吸了一辈子依然健康长寿。若是不抱持罪恶感、浑身散发出正面频率的话，也许并不会带给细胞太坏的影响（当然不吸烟绝对更好)。同样的道理，若是能与喜欢的人一起愉快地用餐，即便吃下了大量的加工食品与甜食，肠道内的坏菌也不会增加得太多，这样的例子屡见不鲜。

在我的患者中，乐观积极、散发正面频率的人，改善的速度也与别人截然不同。话说回来，勉强自己开朗积极，或是过度努力散发正面频率也绝非一件好事。平时只要留意让自己保持愉快的心情，在自然的状态下散发出正面的频率就可以了。

“心情会大幅影响身体的症状”

在我的诊所中，每天都有各式各样的患者前来求诊，在诊疗的过程中我深切地感受到，患者与医生之间的信任程度越深厚，患者就能越快获得治疗带来的效果。

唯有信任医生的诊断、相信医生为自己所做的治疗，患者散发出的频率与获得的治疗效果才能大幅地正面成长。

当我还在一般医院服务时，通常都是 3 分钟就结束诊疗，开完处方笺就结束了整个医疗过程，但我对于这样的医疗过程深感困惑。尤其是许多肌肤问题明明与心理状态密不可分，但我却没有足够的时间可以聆听患者的烦恼，这样一来，患者无法对医生真正敞开心扉，也就没办法从根本上解决问题。

正是因为我深切体会到欠缺信任度的医患关系所带来的坏处，所以现在才更用心地拉长对每一位患者的诊疗时间。

有一次，有位患者因为平时习惯去的皮肤科患者太多，为了快速拿到药，所以来到了我的诊所。虽然刚开始的时候对方并没有感受到沟通带来的好处，不过在诊疗的过程中，她获得的改善较以往来得多。

患者是否相信一间诊所的检查结果与医学知识，只要看患者的态度与举止就能一清二楚。唯有相信自己的问题能获得解决，病况才能出现明显的好转。

我平时诊疗时，最留意的一点就是绝对不否定患者。就算患者在饮食生活或自我诊断上出现问题，我也不会直接告诉对方那是错的，而是站在患者的角度，与对方一起找出正确答案。

好好慰劳自己的身体

假设自己的所有情感与思绪都会散发出波动，进而决定自己发出的频率，你会不会想要在日常生活中就将正面频率传送给自己的细胞呢？在信息爆炸、日益复杂的现代社会中，压力排山倒海而来，让人时常会脱口而出“好累”“好忙”等抱怨。不过，这些负面情感与思绪都会伤害到自己的细胞，因此平时不妨花点心思留意，尽量多说些可以慰劳自己的话吧！

举例来说，在工作量爆表的日子可以试着对自己说：“我今天一整天都好努力，谢谢自己。”饮酒过量时告诉自己：“我的肝脏要加油喔！”请一定要真的说出声来。

我经常会在一整天的尾声，泡在浴缸里一边称赞自己，一边按摩腹部。在保养肌肤时，也会一边抚摸肌肤，

一边夸奖自己:"肌肤状态真好。"运用双手及语言的力量，好好慰劳辛苦了一整天的自己，保持感谢的心情，让身体发出好的频率。进行了这些步骤之后，便能舒适地进入梦乡，一夜好眠!

正向思考

先前我曾以特蕾莎修女的名言为例，说明正向思考所带来的治愈力。实际上，正向思考的频率也会带给肠道消化酵素的分泌量非常大的影响。

举例来说，在因痘痘、干燥粗糙等肌肤问题前来求诊的患者中，有许多人都会一心一意地专注自己的症状，在不知不觉中陷入负面思考。

当身体发出的频率紊乱时，也会导致肠道环境恶化，引起便秘问题，反而让痘痘与干燥粗糙等肌肤问题越演越烈。另外，平时总是与喜欢的亲朋好友一起愉快用餐的人，

则能受正面频率影响，让肠道中的消化酵素顺利地发挥作用，即使经常吃会使坏菌增加的垃圾食物或添加剂过多的食品，肌肤还是能维持平滑、有光泽的状态。

我本身也继承了我母亲秉持的中庸精神，遇到不如意也会安慰自己：“算了，没关系。”尽管不需要硬逼自己变得积极正面，但只要能改变想法与语言散发出的频率，说不定就能让消化酵素的运作更加顺畅喔！敞开心胸、坦然接受眼前的事物，绝对能带来更多好处。

注重平衡

我偶尔也会遇到抱持着“一定要吃有机食材不可”“绝对不可服用药物”“一律不吃营养补充食品”这种极端想法的人。若是因坚持自己的信念并乐在其中的话倒是无妨，但要是因此累积了大量压力，反而会使自己发出的频率变得紊乱不堪。最重要的是自己要在毫无压力的情况下去执行。

若是觉得自己仿佛被某些事物束缚住时，不妨停下脚步，冷静下来，倾听自己内心发出的声音。

我也是一样。因为我很喜欢红酒，所以不会让自己陷入“绝对不可饮酒”的压力里，而会在喝了酒的隔天，再服用营养补充食品来掌握身体的平衡。最重要的是自己是否乐在其中、是否活得像自己、是否喜欢现在的自己。我认为只要能找出自己独有的平衡，以最佳状态来面对生活，这样就足够了。

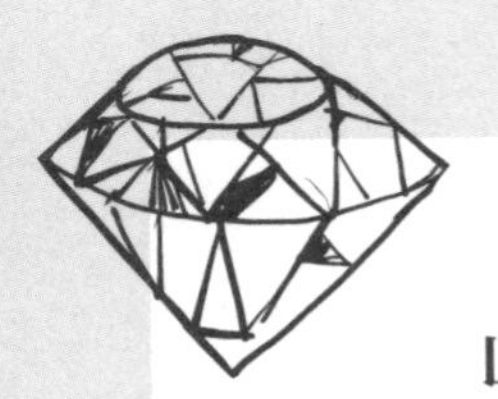

山崎舞子医生积极生活的 5个心得

我在日常生活中会特别留意这5项重点。
虽然都是些微不足道的小事，但只要稍微留意，
就能让每天的生活都变得更轻松自在喔！

☑ 注重早晨的时光

是否能以愉快的心情揭开一天的序幕，就取决于早晨。因此，为了不要在一大早就听到坏消息，早晨我不会打开新闻频道。早上我会沐浴在朝阳之下，为身体补充维生素与矿物质，品尝一杯防弹咖啡，为身心开启活动模式。

☑ 找出自己的优点，赞美自己

不妨多照照镜子，赞美自己。不过，不要光只是这样而已，而是必须强烈意识到：“今天肌肤真好，真开心！”让自己打从心底振奋起来。

√ 愉快地用餐

虽然我平常喜欢喝酒，也经常外食，不过我最注重的就是一定要和喜欢的人一起愉快地用餐。在用餐时不要发牢骚，应刻意空出一段时间好好享受料理，聚焦在愉快的话题里，这么一来消化与吸收也会变得更好喔！

√ 不愉快的事不要带到隔天

虽然我不是会一直钻牛角尖的人，但要是真的发生了不愉快的事，我反而会多想想开心的事，或是让自己大睡一觉转换思考方向。不要和别人比较，拥有自己的生活主轴，就不会长期专注在不愉快的事情上。

√ 不要太情绪化

暴怒、太情绪化都会导致肠内环境恶化，使身体发出的频率变得紊乱。养成冷静思考的习惯，不要让情绪化引起的压力累积在身体里。

献给正拿起这本书阅读的各位

现代人活在这个充满压力的社会中，每个人都非常努力地生活；再加上网络社群的普及，使每个人看待事物的方式越来越复杂。

无论是身体还是心灵，就算感到不适而隐隐发出了哀号，现代人也很容易忽略掉这些小小的变化。

尽管严于律己、努力生活很重要，

但是我们为什么不稍微增加一点与自己相处的时间呢?

或是照照镜子，观察自己的肌肤状况怎么样?

也可以好好回想，今天有没有愉快地用餐呢?

只要自己感到舒适愉快的瞬间越来越多，

你的心灵与身体一定也会变得越来越自在喔!

结 语

我从小就有个愿望，希望自己将来能成为一位医生。当我成为实习医生后，每一天都过着超乎想象的高压生活，但也是在这段时间，让我产生了作为一位医生的自觉，强烈意识到身上背负着攸关患者性命的责任与重担。其后，我作为皮肤科医生投入工作后，也深深感受到肌肤烦恼与心理问题之间密不可分的关联，开始对于“人为什么会生病”感到好奇。但是，由于每天的诊疗非常繁忙，只能从事以对症疗法为主的医疗，我逐渐对这样的医疗模式产生了怀疑，因而决定自己开业。

当时，我重新学习了营养学，认识了以整合医学为基础的医疗方式。以往让我感到困惑不已的地方，全部在整合医学中获得了解答。其实所有的医疗都有其优点，找出各医疗之间的平衡点非常重要。所以，我从量子力学、阿育吠陀、营养学等角度全方面地医治患者，并提供给患者饮食与营养补充食品等方面的建议，灵活运用整合性观点进行诊疗，并以我独特的观点持续探索整合医学的可能性。

我认为最关键的是提供符合每位患者状况、可以持续进行的保养方式，并希望每个人都能保有面对自己的时间。我深深地希望能把这样的想法传达给更多人。

最后，我也要由衷地感谢拿起这本书阅读的各位读者、将我的医疗核心观念化作书籍的青柳有纪与川上隆子、总是能将我的热切想法化为清晰文字的美容作家安倍佐和子、为这本书画出可爱插画的白柳卡里（ミヤギユカリ）、制作这本书的全体工作人员，以及我的家人、朋友与诊所员工。

以后我会继续通过整合性的治疗方式，传达给各位“柔软性与宽容性”的重要观念，接下来的每一天，我都会尽全力帮助大家实现无分内外的健康与美丽。

二〇一九年三月　山崎舞子